"十二五"职业教育国家规划教材

经全国职业教育教材审定委员会审定

电气控制与机床电路检修技术

（理实一体化教材）

第三版

殷培峰　主编

尤晓玲　傅继军　副主编

马应魁　主审

U0287930

化学工业出版社

·北京·

内容简介

本教材共分 4 个模块 26 个项目，其内容包括低压电器的认识、低压电器的应用、典型机床与起重机电气控制系统检修、电气控制线路设计等。

本教材采用理实一体化教学方法，重点培养实际操作能力。在内容选择上，以维修电工的岗位能力要求为出发点，从低压电器的认识到低压电器的应用；从复杂电路的故障分析到电气控制线路设计，以理论与实践相结合，通过模块化、项目化教学手段，在有限的教学时间内，掌握电气控制的基础知识和基本技能。

本教材适用于高职高专院校的电气自动化专业、生产过程自动化专业、机电维修专业、应用电子专业以及数控技术专业等，也可用于成人教育、中等职业学校电气类及相关专业的教材，还可作为电气工程技术人员的参考书，以及职业技能培训教材。

图书在版编目（CIP）数据

电气控制与机床电路检修技术/殷培峰主编. —3 版. —北京：化学工业出版社，2020.11（2025.2重印）
"十二五"职业教育国家规划教材　经全国职业教育教材审定委员会审定　理实一体化教材
ISBN 978-7-122-37538-4

Ⅰ.①电…　Ⅱ.①殷…　Ⅲ.①电气控制-高等职业教育-教材 ②机床-电路-检修-高等职业教育-教材　Ⅳ.①TM921.5 ②TG502.7

中国版本图书馆 CIP 数据核字（2020）第 149695 号

责任编辑：王昕讲　　　　　　　　　　　　　装帧设计：韩　飞
责任校对：王素芹

出版发行：化学工业出版社（北京市东城区青年湖南街 13 号　邮政编码 100011）
印　　装：大厂回族自治县聚鑫印刷有限责任公司
787mm×1092mm　1/16　印张 12½　字数 313 千字　2025 年 2 月北京第 3 版第 5 次印刷

购书咨询：010-64518888　　　　　　　售后服务：010-64518899
网　　址：http://www.cip.com.cn
凡购买本书，如有缺损质量问题，本社销售中心负责调换。

定　　价：38.00 元

前　言

本书第二版经全国职业教育教材审定委员会审定，被评为"十二五"职业教育国家规划教材。本教材的编写是从职业需求入手，以培养中、高级维修电工为目标，集中体现高职高专教育"以就业为导向，以职业技能为核心"的特点，突出职业教育的特色。通过4个模块26个项目的学习，学生将掌握电气控制的基础知识和基本技能，建立电气安装、设备维护和检修所必需的知识与技能。

本教材采用理实一体化教学方法，重点培养实际操作能力。在内容选择上，以维修电工的岗位能力要求为出发点，要求学生在熟悉低压电器的基本结构、工作原理、技术参数、选择方法和安装要求的基础上，掌握电气控制线路的接线原则和检查方法，具备电气控制线路的识图和独立分析的能力；以车床、平面磨床、摇臂钻床、铣床、镗床和桥式起重机为主要研究对象，掌握典型机床电气控制线路特点及故障检查和分析方法，具备设备的安装、调试、维护等工作技能；将理论与实践有机结合，通过模块化、项目化教学手段，在有限的教学时间内，掌握电气控制的基础知识和基本技能。

本教材采用工学结合的项目化方式编写，全书图文并茂，以低压电器为"点"，以典型电气控制线路为"线"，以机床电气控制线路为"面"，组织和安排教学内容，强化知识的应用性、系统性、拓展性的有机结合，强化职业素质教育和实践技能培养。在本次修订再版工作中，我们广泛吸取了教材采用学校师生的意见，对教材内容做了进一步改进，更新了标准，删除了部分内容，增加了"新型智能软启动器"等新内容。

本书是高职高专电气自动化、生产过程自动化、机电设备维修、应用电子以及数控技术等专业的教材。我们将为使用本书的教师免费提供电子教案等教学资源，需要者可以到化学工业出版社教学资源网站 http：//www.cipedu.com.cn 免费下载使用。

本书由兰州石化职业技术学院教学团队编写，殷培峰担任主编，尤晓玲、傅继军担任副主编。其中，项目1～5由尤晓玲编写，项目6、16、各模块中的思考与练习题以及附录由汪霞编写，项目7～15由张世俊编写，项目17～19、21、22由殷培峰编写，项目20、23、25由傅继军编写，项目24、26由李泉编写。全书由殷培峰负责统稿。

本书由兰州石化职业技术学院马应魁教授主审，他对书稿内容提出了许多宝贵意见，在此表示衷心的感谢。

在编写过程中，参考了相关著作和资料，在此，向这些参考文献的原作者表示谢意。

限于编者理论水平和实践经验，书中不妥之处，敬请广大读者批评指正。

编　者

2020 年 8 月

目　　录

模块一　低压电器的认识

模块二　低压电器的应用

模块三　典型机床与起重机电气控制系统检修

模块四　电气控制线路设计

模块一　低压电器的认识

项目1　低压电器的基本知识

【本项目目标】

① 掌握低压电器的基本概念。
② 熟悉低压电器的分类、用途和主要参数。
③ 了解低压电器控制对象。

1.1　低压电器的概念

在电能的生产、输送、分配和使用过程中，对其进行控制、调节、检测、转换及保护的电气设备称为电器。按工作电压的不同，电器可分为高压电器和低压电器两大类。

低压电器是指工作在额定电压交流1200V以下、直流1500V及以下电路中起通断、控制、保护或调节作用的电器。低压电器的主要作用如下。

(1) 控制作用　如电梯的上下移动、电动机的启动与停止等。

(2) 保护作用　根据要求对设备、环境以及人身实行自动保护，如电动机的过热保护、短路保护、漏电保护等。

(3) 测量作用　利用测量仪表对电类参数或非电参数进行测量，如电流、电压、温度等。

(4) 调节作用　低压电器可对某些电量和非电量进行调整，以满足用户的要求，如房间的温度、湿度的调节，灯光的亮度调节等。

(5) 指示作用　反映设备运行状况或电路工作情况，如指示灯、信号灯等。

(6) 转换作用　利用触头在不同电路中切换，来实现控制对象运行状况的切换，如倒顺开关对电动机正转、停、反转的切换。

当然，低压电器作用远不止这些，进入21世纪以来，随着科学技术的发展，低压电器在技术和功能上都有了很大的发展。如继电器、接触器和断路器采用电子和智能控制。计算机网络、数字通信技术以及人工智能技术在低压电器中将得到广泛的应用。

1.2　低压电器的分类

低压电器种类繁多，结构各异，功能多样，其分类如下。

1.2.1　按动作方式分类

可分为以下两类：

(1) 手动电器　由人手直接操作才能完成任务的电器称为手动电器，如刀开关、按钮和转换开关等。

(2) 自动电器　依靠指令信号或某种物理量（如电压、电流、时间、速度、热量等）变化就能自动完成接通、分断电路任务的电器称为自动电器，如接触器、继电器等。

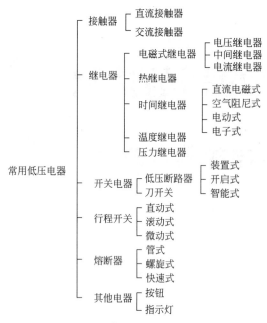

图 1-1　常用低压电器分类

1.2.2　按用途分类

可分为以下两类：

（1）低压保护电器　这类电器主要在低压配电系统中起保护作用，以保护电源、线路或电动机，如熔断器、热继电器等。

（2）低压控制电器　这类电器主要用于电力拖动控制系统中，用于控制电路通断或控制电动机的各种运行状态并能及时可靠地动作，如接触器、继电器、控制按钮、行程开关、主令控制器和万能转换开关等。

有些电器具有双重作用，如低压断路器既能控制电路的通断，又能实现短路、欠压及过载保护。因此，低压断路器既是控制电器，又是保护电器。

1.2.3　按执行机构分类

可分为以下两类：

（1）电磁式电器　利用电磁感应原理，通过触点的接通和分断来通断电路的电器称为电磁式电器，如接触器、低压断路器等。

（2）非电量控制电器　其工作是靠非电量（如压力、温度、时间、速度等）的变化而动作的电器称为非电量控制电器，如行程开关、时间继电器、速度继电器、压力继电器和温度继电器等。

常用低压电器有刀开关、行程开关、按钮、低压断路器、熔断器、接触器和继电器等，其分类如图 1-1 所示。

1.3　低压电器的主要参数

低压电器的参数主要有额定电压、额定电流、操作频率和通断能力等。

1.3.1　额定电压

额定电压分额定工作电压 U_e、额定绝缘电压 U_i、额定脉冲耐受电压 U_{imp} 三种。

（1）额定工作电压　是指在规定条件下，能够保证电器正常工作的电压值，通常是指触点的额定电压值。对于多相电路，此电压是指相间电压，即线电压。

（2）额定绝缘电压　是指与介电性能试验、爬电距离（电器中具有电位差的相邻两导电物体间与绝缘体表面的最短距离，也称漏电距离）相关的电压，在任何情况下都不低于额定工作电压。

（3）额定脉冲耐受电压　是指电器在系统发生最大过电压时所能耐受的能力。额定绝缘电压和额定脉冲耐受电压，共同决定了该电器的绝缘水平。

1.3.2　额定电流

额定电流分额定工作电流 I_e、约定发热电流 I_{th}、约定封闭发热电流 I_{the} 及额定不间断电流 I_u 四种。

（1）额定工作电流　是指在规定条件下保证电器正常工作的电流值。

（2）约定发热电流和约定封闭发热电流　是指电器处于非封闭和封闭状态下，按规定条件试验时，其部件在 8h 工作制下的温升不超过极限值时所能承载的最大电流。

（3）额定不间断电流　是指电器在长期工作制下，各部件温升不超过极限值时所能承载的电流值。

1.3.3　操作频率与通电持续率

开关电器每小时内可能实现的最高操作循环次数称为操作频率。通电持续率是电器工作于断续周期制时，有载时间与工作周期之比，通常以百分数表示，符号为 TD。

1.3.4　通断能力和短路通断能力

通断能力是指电器在规定条件下，能在给定电压下接通和分断的预期电流值。短路通断能力是开关电器在规定条件下，包括其出线端短路在内的接通和分断能力。此外，接通能力与分断能力可能相等，也可能不相等。

1.3.5　机械寿命和电寿命

开关电器的机械部分在需要修理或更换机械零件前所能承受的无载操作循环次数称为机械寿命。在规定条件下，开关电器的机械部分在无需修理或更换零件的负载操作循环次数称为电寿命。

1.4　低压电器的控制对象

低压电器的控制对象较多，如各种类型的电动机、电磁铁、电磁阀、照明灯、指示灯等，其中三相交流异步电动机作为主要控制对象。

1.4.1　三相交流异步电动机

三相交流异步电动机主要由静止的定子和旋转的转子组成，定子和转子之间由气隙分开。定子由定子铁芯、定子绕组、机座和端盖等组成。转子由转子铁芯、转子绕组、转轴和风扇等组成。当电动机的定子绕组通以三相交流电时，在气隙中产生旋转磁场，切割转子绕组，因而在转子导体中产生感应电势。在感应电势的作用下，转子上产生感应电流。所以带有感应电流的转子导体在旋转磁场中受到电磁力的作用，产生电磁转矩，转子便以一定的速度沿着旋转磁场的旋转方向转动。要使改变电动机旋转方向，只需任意对调两根电源线就可实现。

三相交流异步电动机按转子绕组形式不同，可分为绕线式和鼠笼式两种，图 1-2 为三相交流鼠笼式异步电动机的结构示意图。图 1-3 为三相交流绕线式异步电动机的结构示意图。绕线式异步电动机结构复杂，价位较高，但具有较大的启动转矩、较宽的调试范围和较强的过载能力。所以通常用于启动性能或调速要求较高的场合。图 1-4 为三相交流异步电动机的符号与型号。

三相交流异步电动机接线盒中有一块接线板，三相绕组的 6 个线头排成上下两排，如图 1-5 所示。规定上排 3 个接线柱自左至右排列的编号为 6（W2）、4（U2）、5（V2）对应尾端，下排自左至右的编号为 1（U1）、2（V1）、3（W1）对应首端，这样做的目的是为了便于接成

(a) 鼠笼式电动机的外形

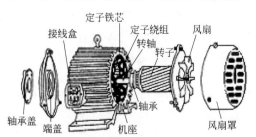

(b) 鼠笼式电动机的结构

图 1-2　三相交流鼠笼式异步电动机的结构示意图

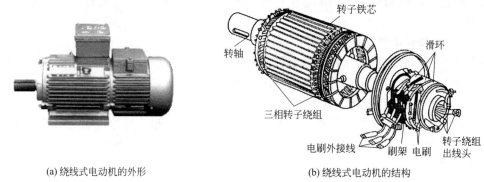

(a) 绕线式电动机的外形　　　　　　　(b) 绕线式电动机的结构

图 1-3　三相交流绕线式异步电动机的结构示意图

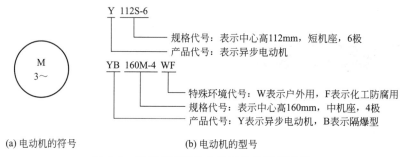

(a) 电动机的符号　　　　　　　　(b) 电动机的型号

图 1-4　三相交流异步电动机的符号与型号

三角形。根据电动机铭牌标明的额定电压与接法要求，来决定电动机绕组接成 Y 形（星形）或△形（三角形）接法。

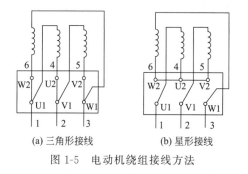

(a) 三角形接线　　　(b) 星形接线

图 1-5　电动机绕组接线方法

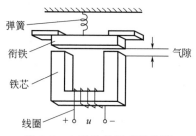

图 1-6　电磁铁的组成结构图

1.4.2　电磁铁

电磁铁是利用铁芯线圈产生的电磁吸力来操纵机械装置，用来完成预期动作的一种电器。它是将电能转换为机械能的一种电磁元件。电磁铁主要由线圈、铁芯及衔铁三部分组成，如图 1-6 所示。当线圈通电后，铁芯和衔铁被磁化，成为极性相反的两块磁铁，它们之间产生电磁吸力。当吸力大于弹簧的反作用力时，衔铁开始向着铁芯方向运动。当线圈中的电流小于某一定值或断供电时，电磁吸力小于弹簧的反作用力，衔铁将在反作用力的作用下返回原来的释放位置。

电磁铁的类型较多，按其线圈电流的性质可分为直流电磁铁和交流电磁铁；按用途不同可分为阀用电磁铁、牵引电磁铁、制动电磁铁、起重电磁铁及其他类型的专用电磁铁。

（1）阀用电磁铁　阀用电磁铁分为交流阀用电磁铁和直流阀用电磁铁，如图 1-7 所示。

交流阀用电磁铁用于交流 50Hz，额定电压为 110V、220V 和 380V 的电路中，作为控制液体或气体管路的电磁阀的动力元件。直流阀用电磁铁用于额定电压为 24V 和 110V 的直流电路中，作为液压控制系统开关电磁阀的动力元件。

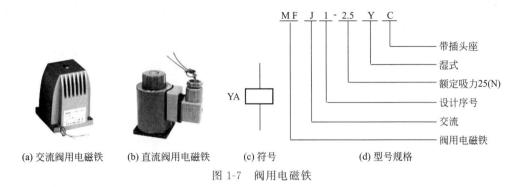

图 1-7　阀用电磁铁

　　（2）牵引电磁铁　牵引电磁铁分为推动式和拉动式两种类型，如图 1-8 所示。主要用于各种机床和自动控制设备中，牵引或推斥其他机械装置，以达到自控或遥控的目的。当给牵引电磁铁的线圈通电时，衔铁吸合通过牵引杆来驱动被操作机构。线圈的额定电压有 36V、110V、127V、220V、380V 等。

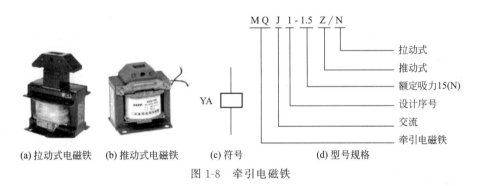

图 1-8　牵引电磁铁

　　（3）制动电磁铁　制动电磁铁由衔铁、线圈、铁芯、牵引杆等组成，如图 1-9 所示，按抱闸配合的行程可分为长行程制动电磁铁和短行程制动电磁铁两种。它主要用来作机械制动，通常与闸瓦式制动架配合使用，使电动机准确且快速停车。

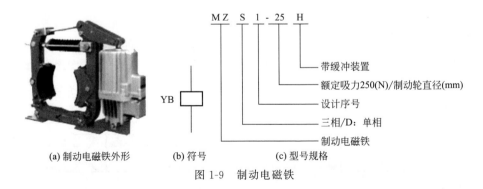

图 1-9　制动电磁铁

当线圈通电后，衔铁向上运动并提升牵引杆，借牵引杆来操作机械制动装置，当线圈断电后，衔铁受自身和牵引杆的重量作用而释放，随带的空气阻尼式缓冲装置可以根据传动要求调节刹车制动时间。其线圈的额定电压有 220V 和 380V 两种。

1.4.3　电磁离合器

电磁离合器是一种利用电磁力的作用来传递或中止机械传动的扭矩的电器。根据其结构不同，分为摩擦片式电磁离合器、牙嵌式电磁离合器、磁粉式电磁离合器和涡流式电磁离合器等。电磁离合器主要由电磁线圈、铁芯、衔铁、摩擦片及连接件等组成，一般采用直流 24V 作为供电电源。如图 1-10 所示。

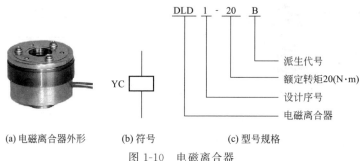

(a) 电磁离合器外形　　　(b) 符号　　　(c) 型号规格

图 1-10　电磁离合器

当线圈通电后，将摩擦片吸向铁芯，依靠主、从动摩擦片之间的摩擦力，使从动齿轮随主动轴转动。线圈断电时，摩擦片复位，离合器即失去传递力矩的作用。

1.4.4　电磁阀

电磁阀是依靠电磁线圈产生的电磁力来驱动阀门开、关的流体控制元件，也是工业控制过程中常用的执行器之一，主要用于控制液体和气体流动方向。

电磁阀的种类较多，按工作电源可分为交流电磁阀、直流电磁阀、交直流电磁阀等。电磁阀由阀体、阀门、电磁线圈、动铁芯、静铁芯和弹簧组成，如图 1-11 所示。

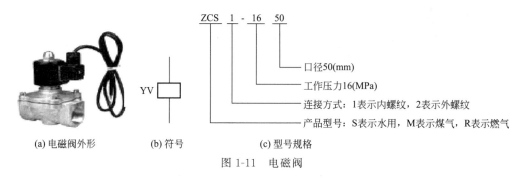

(a) 电磁阀外形　　　(b) 符号　　　(c) 型号规格

图 1-11　电磁阀

当线圈通电时，在电磁力的作用下动铁芯动作，打开阀门，使流体通过阀体；当线圈断电时，磁力消失，动铁芯在弹簧力作用下关闭阀门，从而改变流体方向，实现自动调节及远程控制。常用的电磁阀有二位二通、二位三通、二位四通、二位五通、三位电磁阀、四位电磁阀等，如图 1-12 所示。

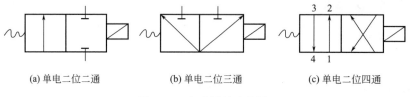

(a) 单电二位二通　　　　(b) 单电二位三通　　　　(c) 单电二位四通

图 1-12　电磁阀的功能图

项目2 认识手动电器

【本项目目标】

① 了解手动电器的基本结构。
② 熟悉手动电器的分类、用途和主要参数。
③ 掌握刀开关、转换开关、控制按钮等的使用方法。

2.1 刀开关

刀开关是手动电器中结构最简单的一种，主要有胶盖式、铁壳式和熔断器式等。按极数分为单极、双极和三极。开关内装有熔断器，具有短路和过载保护功能。安装时，必须垂直安装，手柄向上，不得倒装或平装。

2.1.1 胶盖式刀开关

胶盖式刀开关又称闸刀开关，是一种非频繁操作的开启式负荷开关，主要由操作手柄、进线座、静触头、熔丝、出线座、刀片式动触头（动触刀）和瓷底座组成，如图2-1所示。它常用于交流50Hz、电压380V、电流60A以下的电力线路中，作不频繁操作的电源开关，可直接用于4.5kW及以下的异步电动机全压启动控制。

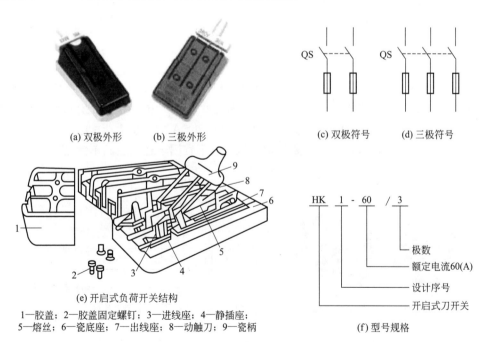

(a) 双极外形　　(b) 三极外形　　(c) 双极符号　　(d) 三极符号

(e) 开启式负荷开关结构

1—胶盖；2—胶盖固定螺钉；3—进线座；4—静插座；
5—熔丝；6—瓷底座；7—出线座；8—动触刀；9—瓷柄

(f) 型号规格

图 2-1 胶盖式刀开关

2.1.2 铁壳式刀开关

铁壳式刀开关又称封闭式负荷开关，是在开启式负荷开关基础上改进的一种开关。由于开启式负荷开关没有灭弧装置，手动操作时，触刀断开速度比较慢，在分断大电流时，往往会有很大的电弧向外喷出，有可能引起相间短路，甚至灼伤操作人员。封闭式负荷开关消除了此类缺点，在断口处设置灭弧罩，将整个开关本体装在一个防护壳体内，因此，操作更安全可靠。可直接用于15kW及以下的异步电动机的非频繁全压启动控制。

如图2-2所示为HH系列铁壳式刀开关。它主要由触刀、静插座、熔断器、速动弹簧、手柄操作机构和外壳组成。其操作机构有两个特点：一是为了迅速熄灭电弧，采用储能分合闸方式。在手柄转轴与底座之间装有速动弹簧，能使开关快速接通或断开，与手柄操作速度无关。二是为了保证用电安全，在开关的外壳上装有机械联锁装置，保证了开关合闸时箱盖不能打开，箱盖打开时开关不能合闸。

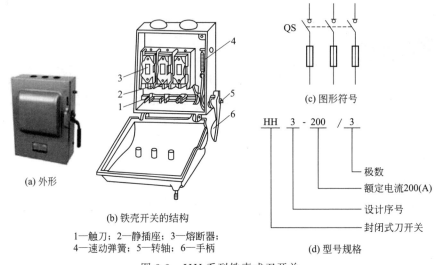

(a) 外形

(b) 铁壳开关的结构

1—触刀；2—静插座；3—熔断器；
4—速动弹簧；5—转轴；6—手柄

(c) 图形符号

(d) 型号规格

图 2-2　HH系列铁壳式刀开关

2.1.3　熔断器式刀开关

熔断器式刀开关又称为刀熔开关，是一种新型开关。它是利用RT0型有填料式熔断器具有的刀形触头的熔管作为刀刃，具有刀开关和熔断器的双重功能。图2-3所示为熔断器式刀开关，一般用于交流50Hz、电压380V、负荷电流100~600A的工矿企业配电网络中，作电源开关或隔离开关。它具有过载保护和短路保护，但一般不宜用于直接通断单台电动机。

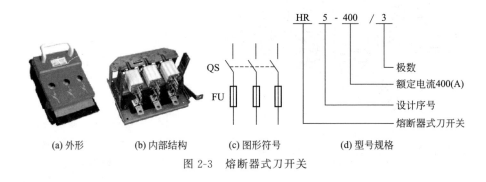

(a) 外形　　(b) 内部结构　　(c) 图形符号　　(d) 型号规格

图 2-3　熔断器式刀开关

2.2　组合开关

2.2.1　组合开关的结构

组合开关又称转换开关，是一种多挡位、多触头、能够控制多个回路的手动电器，如图

2-4 所示。它主要由手柄、转轴、弹簧、凸轮、绝缘垫板、动触片、静触片、接线柱和绝缘杆等组成。其中手柄、转轴、弹簧、凸轮、绝缘垫板和绝缘杆等构成转换开关的操作机构和定位机构，动触片、静触片和绝缘钢纸板等构成触点系统，若干个触点系统串套在绝缘杆上，转动手柄就可以改变触片的通断位置，以达到接通或断开电路的目的。

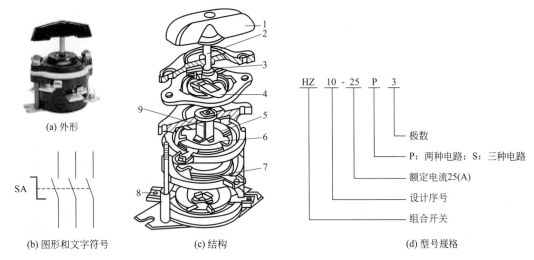

(a) 外形

SA

(b) 图形和文字符号　　　　　　(c) 结构　　　　　　(d) 型号规格

图 2-4　HZ10 系列组合开关

1—手柄；2—转轴；3—弹簧；4—凸轮；5—绝缘垫板；6—动触片；7—静触片；8—接线柱；9—绝缘杆

　　动触片由两片磷铜片（或硬紫铜片）和具有良好灭弧性能的绝缘钢纸板铆合而成，其结构有 90°、180°两种，和绝缘垫板一起套在绝缘杆上。组合开关的手柄能向正反两个方向转动 90°，并带动动触片与静触片接通或断开。

　　组合开关有单极、双极和多极之分。在开关的上部装有定位机构，它能使触片处在一定的位置上。定位角分 30°、45°、60°、90°等几种。

2.2.2　组合开关的选择与安装使用

　　组合开关结构紧凑，安装面积小，操作方便，广泛用于机床电路和成套设备中，主要用作电源的引入开关，用来接通和分断小电流电路，如电流表、电压表的换相测量等，也可以用于控制小容量电动机，如 5kW 以下小功率电动机的启动、换向和调速。常用型号有 HZ5、HZ10 系列。

　　选择组合开关时，应根据用电设备的电压等级、所需触点数及电动机的功率进行选用。

　　(1) 用于照明或电热电路时，组合开关的额定电流应等于或大于被控制电路中各负载电流的总和。

　　(2) 用于电动机电路时，组合开关的额定电流应取电动机额定电流的 1.5～2.5 倍。

　　(3) 组合开关的通断能力较低，不能用来分断故障电流。当用于控制异步电动机的正反转时，必须在电动机停转后才能反向启动，且每小时的接通次数不能超过 15～20 次。

　　(4) 组合开关本身不带过载和短路保护，如果需要这类保护，就必须增加其他保护电器。

　　安装注意事项如下。

　　(1) HZ10 系列组合开关应安装在控制箱或壳体内，其操作手柄最好安装在控制箱的前面或侧面。开关为断开状态时手柄应在水平位置。

（2）若需在箱内操作，最好将组合开关安装在箱内上方，若附近有其他电器，则需采取隔离措施或者绝缘措施。

2.3　控制按钮

2.3.1　控制按钮的结构与分类

控制按钮是一种结构简单、使用广泛的手动主令电器，它可以与接触器或继电器配合，对电动机实现远距离的自动控制。

控制按钮的分类形式较多，按结构形式可分为开启式（K）、保护式（H）、防水式（S）、防腐式（F）、紧急式（J）、钥匙式（Y）、旋钮式（X）和带指示灯式（D）等。常用的控制按钮如图 2-5 所示。

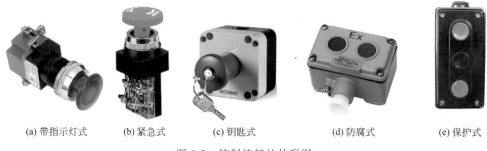

(a) 带指示灯式　　(b) 紧急式　　(c) 钥匙式　　(d) 防腐式　　(e) 保护式

图 2-5　控制按钮的外形图

控制按钮由按钮帽、复位弹簧、桥式触点和外壳等组成，如图 2-6 所示。通常做成复合式，即具有常闭触点和常开触点。按下按钮时，先断开常闭触点，后接通常开触点；按钮释放后，在复位弹簧的作用下，按钮触点自动复位的先后顺序相反。通常在无特殊说明的情况下，有触点电器的触点动作顺序均为"先断后合"。

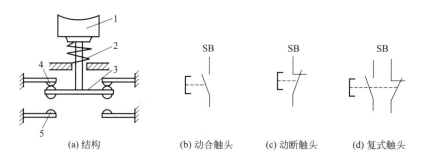

(a) 结构　　(b) 动合触头　　(c) 动断触头　　(d) 复式触头

图 2-6　控制按钮的结构与图形符号

1—按钮帽；2—复位弹簧；3—动触桥；4—动断静触点；5—动合静触点

2.3.2　控制按钮的选择与使用

在电器控制线路中，常开按钮常用来启动电动机，也称启动按钮，常闭按钮常用于控制电动机停车，也称停车按钮，复合按钮用于联锁控制电路中。常用的控制按钮有 LA2、LA18、LA19、LA20、LA39 和 LAY1 等系列。为了便于识别按钮的作用，通常在按钮帽上做出不同的颜色，如红色表示停止按钮，绿色表示启动按钮，黑色、白色或灰色表示点动按钮，蘑菇形表示急停按钮。控制按钮的选择主要依据使用场所、所需要的触点数量、种类及颜色。控制按钮的型号如图 2-7 所示。

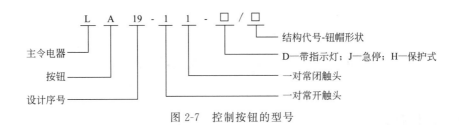

图 2-7　控制按钮的型号

2.4　技能训练

2.4.1　训练内容

组合开关的拆卸、装配及测试方法。

2.4.2　工作准备

工具：小扳手，螺丝刀，数字万用表。

器件：HZ10-25P/3 或 HZ10-25S/3 型组合开关。

2.4.3　工作过程

（1）拆卸　松开手柄上的螺钉，取下手柄、转轴、凸轮、绝缘垫板、绝缘杆、动触片、静触片、接线柱。在拆卸过程中一定要注意观察三层中每一层绝缘垫板的形状，它们的形状是不同的，必要时记下顺序。

（2）装配　装配时按照与拆卸相反的顺序进行。但需注意，如果三层顺序放置不当，则绝缘杆不能插入。装配好后，旋转手柄，若能灵活转动，可进行下一步骤，若不能，则重新拆装。

（3）测试　将万用表功能开关放在蜂鸣器挡，两表笔分别放在同一层的两个接线柱上，听声音，看显示。若三层声音和显示结果都相同（三层上都响，或者三层上都不响），则旋转手柄 90°，继续测试，结果与第一次测试结果相反，再旋转 90°测试，直到手柄旋转一周。

注意：如果测试中发现三层中有一层响、两层不响，或者三层中有两层响、一层不响，说明装配不当，需重新拆装。

2.4.4　技能考核

每个小组中任选一人，进行组合开关的拆装及测试考核，时间为 3min，在拆卸过程中要说明每一个元件的名称、作用以及该器件在电路中所起的作用。

项目 3　认识自动电器

【本项目目标】

① 了解自动电器的基本结构。
② 熟悉接触器、中间继电器、电流和电压继电器以及固态继电器用途和主要参数。
③ 掌握接触器、中间继电器、电流和电压继电器等的使用方法。

3.1　接触器

接触器是适用于低压配电系统中远距离频繁接通或断开交直流主电路和大容量控制电路的自动电器，是利用电磁吸力进行操作的电磁开关。其主要控制对象是电动机、电热设备、电焊机等，具有欠压和失压保护功能，操作方便、动作迅速、操作频率高等优点，因此被广泛应用。

接触器种类较多，按其主触头通过电流的种类不同，可分为交流和直流两种。

3.1.1　交流接触器

（1）交流接触器的结构　交流接触器主要由电磁系统、触头系统和灭弧装置三部分组成。图 3-1 为交流接触器的外形图，图 3-2 为交流接触器的结构图。

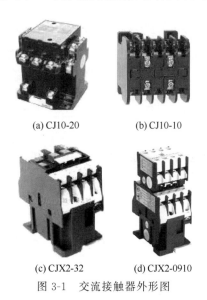

(a) CJ10-20　　(b) CJ10-10

(c) CJX2-32　　(d) CJX2-0910

图 3-1　交流接触器外形图

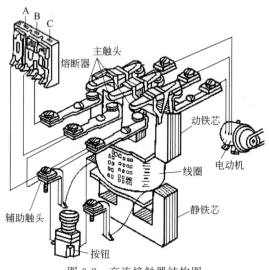

图 3-2　交流接触器结构图

① 电磁系统　电磁系统由动、静铁芯，线圈和反作用弹簧组成。铁芯由 E 形硅钢片叠压铆成，以减小交变磁场在铁芯中产生的涡流及磁滞损耗。线圈由反作用弹簧固定在静铁芯上，动触头固定在动铁芯上，线圈不通电时，主触头保持在断开位置。

为了减少机械振动和噪声，在静铁芯极面上装有短路环。交流电流产生的交变磁场中，因线圈中交流电流过零时磁通为零而造成衔铁的抖动，需在静铁芯的端部开槽，嵌入一铜短路环，使环内感应电流产生的磁通与环外磁通不同时过零，使电磁吸力 F 总是大于弹簧的反作用力，因而可以消除交流铁芯的抖动。如图 3-3 所示。

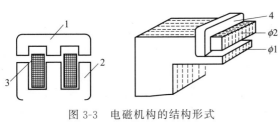
图 3-3 电磁机构的结构形式
1—衔铁；2—铁芯；3—线圈；4—短路环

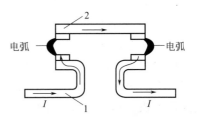
图 3-4 双断口灭弧示意图
1—静触点；2—动触点

② 触头系统　触头系统采用双断点桥式触头，按通断能力分为主触头和辅助触头。主触头一般由接触面积大的三对常开主触头组成，有灭弧装置，用于通断电流较大的主电路。辅助触头一般由两对常开、常闭辅助触头组成，其接触面积小，用于通断电流较小的控制电路。通常所讲的常开触头和常闭触头，是指电磁系统未通电时的触头状态。若触头的状态断开，称为常开触头；若触头的状态闭合，称为常闭触头。常开触头和常闭触头是联动的，当线圈通电时，常闭触头先断开，常开触头随后闭合；当线圈断电时，常开触头先恢复断开，常闭触头后恢复闭合。

③ 灭弧装置　由于接触器的触头采用了双断点的桥式触点，如图 3-4 所示，使电弧分成两个串联的短弧，使每个断口的弧隙电压降低，触头的灭弧行程缩短，所以，接触器采用灭弧罩灭弧，一般 10A 以上的接触器主触头采用由陶土和石棉水泥做成的耐高温的灭弧罩，通过隔离和降温来实现灭弧。10A 以下的接触器采用半封闭式陶土灭弧罩或相间隔弧板灭弧。

（2）交流接触器的型号与符号　如图 3-5 所示。

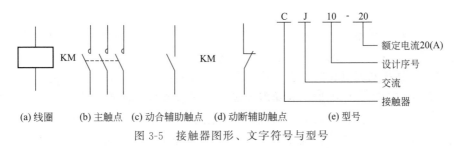
图 3-5 接触器图形、文字符号与型号

（3）交流接触器的工作原理　当接触器线圈通电后产生磁场，使铁芯产生大于反作用弹簧弹力的电磁吸力，将衔铁吸合，通过传动机构带动主触头和辅助触头动作，即常闭触头断开，常开触头闭合。当接触器线圈断电或电压显著下降时，电磁吸力消失或过小，触头在反作用弹簧力作用下恢复常态。常用交流接触器在 $0.85 \sim 1.05$ 倍的额定电压下，能保证可靠吸合。

3.1.2　直流接触器

直流接触器主要用于远距离接通和分断直流电路以及频繁启动、停止、反转和反接制动的直流电动机。也可以用于频繁接通和断开的起重电磁铁、电磁阀、离合器的电磁线圈等。直流接触器的结构和工作原理与交流接触器基本相同，也由电磁系统、触头系统和灭弧装置组成。由于线圈中通入直流电，铁芯不会产生涡流，可用整块铸铁或铸钢制成铁芯，不需要短路环。直流接触器通入直流电，吸合时没有冲击启动电流，不会产生猛烈撞击现象，因此使用寿命长，适宜频繁操作场合。

但直流接触器灭弧较困难，一般都要采用灭弧能力较强的磁吹式灭弧装置。

3.1.3 低压交流真空接触器

低压交流真空接触器是以真空为灭弧介质的一种新型接触器，其外形如图 3-6 所示。真空接触器主触头密封在真空管内。管内（又称真空灭弧室）以真空作为绝缘和灭弧介质，位于真空中的触头一旦分离，触头间将产生由金属蒸气和其他带电粒子组成的绝缘介质，且恢复速度很快。真空电弧的等离子体很快向四周扩散，在第一次电压过零时，真空电弧就能熄灭（燃弧时间一般小于 10ms），分断电流。由于熄弧过程是在密封的真空容器中完成的，电弧和炽热的气体不会向外界喷溅，所以开断性能稳定可靠，不会污染环境。

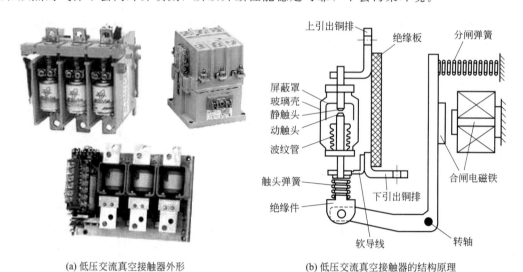

(a) 低压交流真空接触器外形　　　　　　(b) 低压交流真空接触器的结构原理

图 3-6　低压交流真空接触器

真空接触器特别适用于电压较高（660V 和 1140V）、操作频率高的供电回路，以及煤矿、冶金工厂、化工厂和水泥厂等要求防尘防爆的恶劣环境中。

由于特殊的结构和灭弧介质，真空接触器具有分断能力强、触头不氧化、电弧不外露、安全可靠、使用寿命长、免维护、低噪声等优点。其卓越的开断技术能在特别苛刻的条件下频繁操作使用，适用于控制和保护电动机、电器控制等场合，广泛应用于各工业领域的电器设备控制，可完全替代传统电器使用，并具有良好的经济性。常用的型号有 CKJ3、CKJ5、CKJ9 等系列。

3.1.4 接触器的主要技术参数

（1）额定电压 U_N　接触器铭牌上的额定电压是指在规定条件下，能保证电器正常工作的电压值。一般指主触头的额定电压。常用的额定电压有：

交流接触器：127V、220V、380V、500V；

直流接触器：110V、220V、440V。

（2）额定电流 I_N　接触器铭牌上的额定电流指主触头的额定电流，由工作电压、操作频率、使用类别、外壳防护形式、触头寿命等决定。常用的额定电流有：

交流接触器：5A、10A、20A、40A、60A、100A、150A、250A、400A、600A；

直流接触器：40A、80A、100A、150A、250A、400A、600A；

辅助触头的额定电流通常为 5A。

（3）线圈额定电压　常用的线圈额定电压有：

交流接触器：36V、110V、127V、220V、380V；

直流接触器：24V、48V、220V、440V。

（4）通断能力　接触器的通断能力是指主触头在规定条件下用可靠地接通和分断的电流值来衡量。

（5）操作频率　接触器的操作频率是指在每小时允许操作次数的最大值。它直接影响对接触器的电寿命和机械寿命。

3.1.5　接触器的选用

常用的交流接触器有 CJ10、CJ12、CJ20、B、3TB 系列。CJ 是国产系列产品，B 系列是引进德国 BBC 公司技术生产的一种新型接触器。3TB 系列是引进德国西门子公司的技术而生产的新产品。常用的直流接触器有 CZ0、CZ18、CZ28 系列。

接触器的选择原则如下。

（1）接触器的类型选择　即根据电路中负载电流的种类选择接触器。控制交流负载应选用交流接触器，控制直流负载应选用直流接触器。当直流负载容量较小时，也可用交流接触器控制，但触头的额定电流应适当选择大些。

（2）额定电压的选择　接触器的额定电压（主触头的额定电压）应大于或等于负载回路的额定电压。

（3）额定电流的选择　接触器的额定电流（主触头的额定电流）应大于或等于负载回路的额定电流。

（4）线圈的额定电压的选择　应与所在控制电路的额定电压等级一致。

3.1.6　接触器的安装

（1）接触器要垂直安装在平面上，倾斜度不超过 5°；安装孔的螺钉应装有垫圈，并拧紧螺钉，防止松脱或振动；避免杂物落入接触器内。安装地点应避免剧烈振动，以免造成误动作。

（2）安装前应首先检查接触器的外观是否完好，是否有灰尘、油污以及各接线端子的螺钉是否完好无缺，触点架、动静触点是否同时动作等。

（3）检查接触器的线圈电压是否符合控制电压的要求，接触器的额定电压应不低于负载的额定电压，触点的额定电流应不低于负载的额定电流。

（4）安装接触器时，应防止小螺钉、螺母、垫片、线头掉入接触器内。

3.1.7　交流接触器常见故障及处理方法

交流接触器常见故障及处理方法，如表 3-1 所示。

表 3-1　交流接触器常见故障及处理方法

故障现象	可能原因	处理方法
接触器动作不可靠或不动作	电源电压过低或波动较大 操作回路接线错误、断线或触头接触不良 触头弹簧压力过大	调高电源电压 纠正接线错误，修理控制触头 调整触头参数
不释放或释放缓慢	触头熔焊 机械可动部分被卡，转轴生锈或歪斜 反作用弹簧受损	排除熔焊故障，修理更换触头 排除被卡原因，修理受损零件 更换反作用弹簧
触头烧伤或熔焊	负载侧短路 过载使用 机械卡阻	排除短路故障，更换触头 调换合适的接触器 排除卡阻物

续表

故障现象	可能原因	处理方法
线圈过热或烧毁	线圈匝间短路 线圈技术参数与实际使用条件不符 电源电压过高或过低	查找短路原因,更换线圈 调换接触器 调整电源电压
电磁铁(交流)噪声大	短路环断裂 电源电压过低 铁芯机械卡阻 铁芯极面有异物或磨损	更换铁芯或短路环 调整电源电压 排除卡阻物 清洗极面或更换铁芯

3.2 中间继电器

中间继电器实质是一种电压继电器,是用来增加控制电路输入的信号数量或将信号放大的一种继电器,其结构和工作原理与接触器相同,其触点数量较多,一般有 4 对常开触头,4 对常闭触头。触头没有主辅之分,触点容量较大(额定电流为 5~10A),动作灵敏。其主要用途是:当其他继电器的触点数量或触点容量不够时,可借助中间继电器来扩大触点数目或增加触点容量,起到中间转换作用。图 3-7 为中间继电器的外形和结构图。

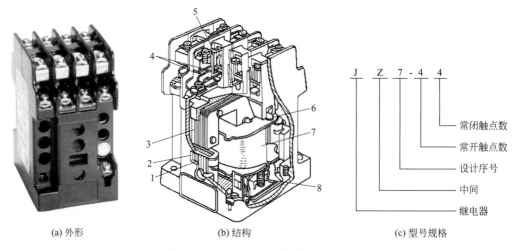

(a) 外形　　　　(b) 结构　　　　(c) 型号规格

图 3-7 中间继电器的外形和结构图

1—静铁芯;2—短路环;3—动铁芯;4—常开触头;5—常闭触头;6—复位弹簧;7—线圈;8—反作用弹簧

常用的中间继电器有 JZ7 和 JZ8 两种系列。JZ7 为交流中间继电器,JZ8 为交直流两用。中间继电器的选用主要由控制电路的电压等级和所需触点数量来决定。图 3-8 为中间继电器的图形与文字符号。

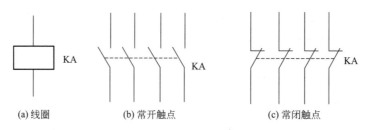

(a) 线圈　　　　(b) 常开触点　　　　(c) 常闭触点

图 3-8 中间继电器的图形与文字符号

3.3 电流继电器

电流继电器是一种电磁式继电器，输入量为电流的继电器。主要用于检测供电线路、变压器、电动机等的负载电流大小，具有短路和过载保护。电流继电器的线圈串联在被测电路中，根据通过线圈电流值的大小而动作。为降低负载效应和对被测量电路参数的影响，其线圈的导线粗、匝数少、线圈阻抗小。常用电流继电器分为过电流继电器和欠电流继电器两种。如图 3-9 所示。

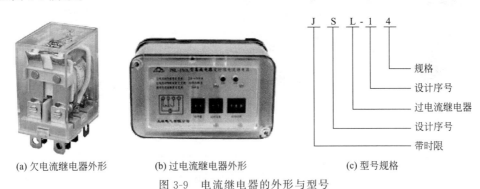

(a) 欠电流继电器外形　　　(b) 过电流继电器外形　　　(c) 型号规格

图 3-9　电流继电器的外形与型号

3.3.1 欠电流继电器

当继电器中的电流低于某整定值，如低于额定电流的 10%～20% 时，继电器释放，触头复位，称为欠电流继电器。此类继电器在通过正常工作电流时，衔铁吸合，触点动作，这种继电器常用于直流电动机和电磁吸盘的失磁保护。

3.3.2 过电流继电器

当继电器中的电流超过某一整定值，如超过交流过电流继电器的额定电流 1.1～4 倍或超过直流过电流继电器的额定电流 0.7～3.5 倍时，触点动作的为过电流继电器。此类继电器在通过正常工作电流时不动作，主要用于频繁和重载启动场合，作为电动机和主电路的短路和过载保护。

3.3.3 电流继电器的符号与主要技术参数

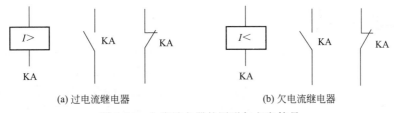

(a) 过电流继电器　　　　　　　　　　(b) 欠电流继电器

图 3-10　电流继电器的图形与文字符号

电流继电器的符号如图 3-10 所示。主要技术参数如下。

(1) 动作电流 I_q　使电流继电器开始动作所需的电流值。

(2) 返回电流 I_f　电流继电器动作后返回原状态时的电流值。

(3) 返回系数 K_f　返回值与动作值之比，$K_f = I_f / I_q$。

3.4 电压继电器

输入量为电压的继电器称为电压继电器。主要用于检测供电线路电压的大小，具有缺相保护、错相保护、过压和欠压保护以及电压不平衡保护等。电压继电器的线圈并联在被测电路中，根据通过线圈电压值的大小而动作。其线圈的匝数多、线径细、阻抗大。按线圈中电流的种类可分为交流电压继电器和直流电压继电器，按吸合电压大小不同，又分为过电压、欠电压和零电压继电器三种。如图 3-11 所示为电压继电器的外形图与型号。

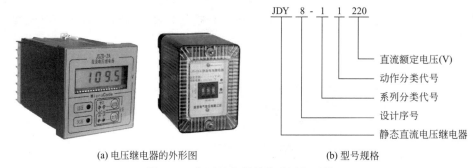

(a) 电压继电器的外形图　　　　　　　　(b) 型号规格

图 3-11　电压继电器的外形图与型号

　　在电路电压正常时过电压继电器不动作，当电路电压超过额定电压的 1.1~1.5 倍，即发生过电压故障时，过电压继电器吸合动作，实现过电压保护。

　　欠电压继电器在电路电压正常时吸合，而当电路电压低于额定电压的 0.4~0.7 倍，发生欠压；欠电压继电器释放复位，实现欠电压保护。

　　零电压继电器在电路电压正常时吸合，当电路电压低于额定电压的 0.05~0.25 倍，发生零压，此时继电器及时释放，实现失压保护。图 3-12 为电压继电器的图形与文字符号。

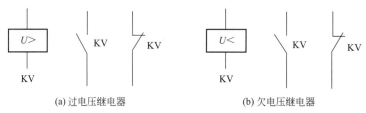

(a) 过电压继电器　　　　　　　　　(b) 欠电压继电器

图 3-12　电压继电器的图形与文字符号

3.5　固态继电器

　　固态继电器（solid state relays），简称 SSR，是采用固体半导体元件组装而成的一种无触点开关，它是利用电子元件如大功率开关三极管、单向可控硅、双向可控硅、功率场效应管等半导体器件的开关特性，实现无触点、无火花的接通和断开电路。所以它比电磁式继电器具有开关速度快、动作可靠、使用寿命长、噪声低、抗干扰能力强和使用方便等一系列优点。因此，它不仅在许多自动控制系统中取代了传统电磁式继电器，而且广泛用于数字程控装置、数据处理系统、计算机终端接口和可编程控制器的输入输出接口电路中，尤其适用于动作频繁、防爆耐振、耐潮、耐腐蚀等特殊工作环境中。

3.5.1　固态继电器的分类

　　固态继电器按切换负载性质的不同分类，可分为直流固态继电器（DC-SSR）和交流固态继电器（AC-SSR），如图 3-13 所示。按控制触发信号方式分类，可分为有源触发型和无源触发型；按输入与输出之间的隔离形式分类，可分为光电隔离型、变压器隔离型和混合型，以光电隔离型为最多。

(a) 直流固态继电器　　　　　(b) 交流固态继电器　　　　　(c) 固态继电器符号

图 3-13　固态继电器的外形与符号

3.5.2　固态继电器的工作原理

固态继电器由输入电路、隔离（耦合）电路和输出电路三部分组成，交流固态继电器的工作原理框图如图 3-14 所示。一般固态继电器为四端有源器件，其中 A、B 两个端子为输入控制端，C、D 两端为输出受控端。工作时只要在 A、B 上加上一定的控制信号，就可以控制 C、D 两端之间的"通"和"断"，实现"开关"的功能。为实现输入与输出之间的电气隔离，采用了高耐压的专业光电耦合器，按输入电压的不同类别，输入电路可分为直流输入电路、交流输入电路和交直流输入电路三种。输出电路也可分为直流输出电路、交流输出电路和交直流输出电路等形式。交流输出时，通常使用两个可控硅或一个双向可控硅，直流输出时可使用双极性器件或功率场效应管。

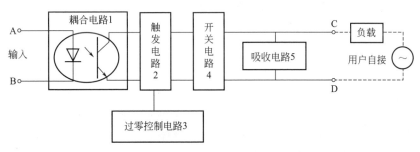

图 3-14　交流固态继电器的工作原理框图

图中触发电路 2 的功能是产生合乎要求的触发信号，驱动开关电路 4 工作，但由于开关电路在不加特殊控制电路时，将产生射频干扰并以高次谐波或尖峰等污染电网，为此特设过零控制电路 3。所谓过零，是指当加入控制信号，交流电压过零时，SSR 即为通态；而当断开控制信号后，SSR 要等待交流电的正半周与负半周的交界点（零电位）时，SSR 才为断态。这种设计能防止高次谐波的干扰和对电网的污染。吸收电路 5 是为防止从电源中传来的尖峰、浪涌电压对开关器件双向可控硅管的冲击和干扰，甚至误动作而设计的，交流负载一般用"R—C"串联吸收电路或非线性电阻（压敏电阻器）。

直流型 SSR 与交流型 SSR 相比，无过零控制电路，也不必设置吸收电路，开关器件一般用大功率开关三极管，其他工作原理相同。直流型 SSR 在使用时应注意如下几点。

（1）负载为感性负载时，如直流电磁阀或电磁铁，应在负载两端并联一只二极管，极性如图 3-15 所示，二极管的电流应等于工作电流，电压应大于工作电压的 4 倍。

（2）SSR 工作时应尽量把它靠近负载，其输出引线应满足负荷电流的需要。

（3）使用电源经交流降压整流所得，其滤波电解电容应足够大。

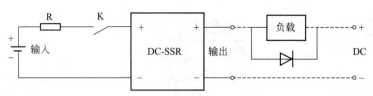

图 3-15　直流固态继电器串接感性负载

3.5.3　固态继电器的使用要求

（1）固态继电器的选择应根据负载的类型（阻性、感性）来确定，输出端要采用 RC 浪涌吸收回路或非线性压敏电阻吸收过压。

（2）过电流保护应采用专门保护半导体器件的熔断器或用动作时间小于 10ms 的自动开关。

（3）由于固态继电器对温度的敏感性很强，安装时必须采用散热器，要求接触良好且对地绝缘。

（4）切忌负载侧两端短路，以免固态继电器损坏。

3.6　技能训练

3.6.1　训练内容

交流接触器的拆卸、装配及测试方法。

3.6.2　工作准备

工具：小扳手，螺丝刀，数字万用表。

器件：CJ10-20 或 CJ10-10 型交流接触器。

3.6.3　工作过程

（1）拆卸　松开交流接触器灭弧罩上的螺丝，取下灭弧罩，打开交流接触器后盖上的螺丝，取出平衡弹簧、静铁芯、线圈、反作用弹簧，注意观察静铁芯上的短路环，线圈上标定的额定电压，频率、线径大小等。用手按下接触器主触头，观察动铁芯位置变化。

（2）安装　与拆卸相反的顺序进行组装，组装过程中注意线圈、反作用弹簧等的放置位置，如果放置不合适，则按压主触头时不灵活。

（3）测试　将数字万用表功能开关旋钮拨至二极管蜂鸣器挡，两表笔依次放在三对主触点上，无声并且万用表显示为"1"，再将表笔放在一对常闭触头上，有声响并且显示为"0"，然后将表笔放在常闭触头下方的一对常开触头上，无声音且显示为"1"，用相同的方法测试另一侧的两对触头。将主触头按下按照上述步骤重新测试主触头，辅助触头，结果应与静止状态时的结果相反，即常开触头变常闭触头，常闭触头变常开触头。如果触头不能断开或者闭合，则大部分情况为触点压力弹簧松软，需更换弹簧。

将万用表功能开关放在欧姆挡上，测试接触器线圈的电阻并记录数值，注意单位、量程。在测试电阻时，挡位的选择由小到大。即先放在量程较小的挡位，如果显示数值为"1"，则换至较大挡位。

测试完毕后将接触器灭弧罩安装好，螺丝要拧紧，否则，通电时接触器会振动发出声音。

3.6.4　技能考核

每个小组中任选一人，进行交流接触器的拆装及测试考核，时间为 3min，在拆卸过程中要说明每一个元件的名称、作用以及该器件在电路中所起的作用。

项目 4　认识保护电器

【本项目目标】

① 了解熔断器、热继电器、断路器、行程开关等保护电器的基本结构。
② 熟悉各类保护电器用途和主要参数。
③ 掌握熔断器、热继电器、断路器、行程开关等的使用方法。

4.1　熔断器

熔断器是一种结构简单、使用方便、价格低廉的保护电器。广泛用于低压配电系统和控制系统中，主要用作短路保护和严重过载保护。熔断器串接于被保护电路中，当通过的电流超过规定值一定时间后，以其自身产生的热量使熔体熔断，切断电路，达到保护电路及电气设备的目的。

4.1.1　熔断器的分类

常用的熔断器类型有瓷插式、螺旋式、有填料封闭管式、无填料封闭管式等几种。

（1）瓷插式熔断器　常用的瓷插式熔断器为 RC1 系列，如图 4-1 所示，由瓷盖、瓷座、动触头、静触头和熔丝等组成，其结构简单，价格便宜，但分断电流能力低，所以只能用于低压分支电路或小容量电路中作短路和过载保护。不能用于易燃易爆的工作场合。

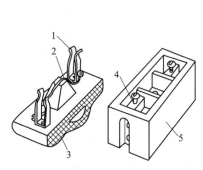

图 4-1　RC1 型瓷插式熔断器
1—动触头；2—熔丝；3—瓷盖；
4—静触头；5—瓷座

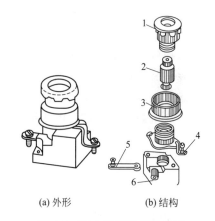

(a) 外形　　(b) 结构

图 4-2　RL1 型螺旋式熔断器
1—瓷帽；2—熔管；3—瓷套；4—上接线端；
5—下接线端；6—瓷座

（2）螺旋式熔断器　常用的螺旋式熔断器 RL1 系列，如图 4-2 所示，主要由带螺纹的瓷帽、熔管、瓷套、上接线端、下接线端和瓷座等组成。熔管内装有熔丝，并充满石英砂，两端用铜帽封闭，防止电弧喷出管外。熔管一端有熔断指示器（一般为红色金属小圆片），当熔体熔断时，熔断指示器自动脱落，同时管内电弧喷向石英砂及其缝隙，可迅速降温而熄灭电弧。

螺旋式熔断器分断电流能力较大，体积小，更换熔体方便，广泛用于低压配电系统中的配电箱、控制箱及振动较大场合，作短路和过载保护。

螺旋式熔断器的额定电流为 5～200A，使用时将用电设备的连线应接到熔断器的上接线端，电源线应接到熔断器的下接线端，目的是为防止更换熔管时金属螺旋壳上带电，以保证用电安全。

（3）有填料封闭管式熔断器　常用的有填料封闭管式熔断器 RT0 系列，如图 4-3 所示，主要由熔管和底座两部分组成。其中，熔管由管体、熔体、指示器、触刀、盖板和石英砂填料等组成。有填料管式熔断器均装在特制的底座上，如带隔离刀闸的底座或以熔断器为隔离刀的底座上，通过手动机构操作。填料管式熔断器的额定电流为 50～1000A，主要用于短路电流大的电路或有易燃气体的场所。

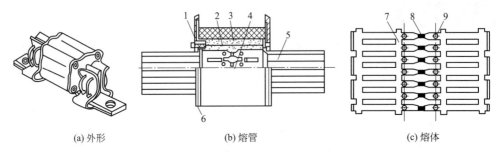

(a) 外形　　　　　　　(b) 熔管　　　　　　　(c) 熔体

图 4-3　RT0 型有填料封闭管式熔断器

1—熔断指示器；2—指示器熔体；3—石英砂；4—工作熔体；5—触刀；6—盖板；
7—引弧栅；8—锡桥；9—变截面小孔

有填料封闭管式熔断器除国产 RT 系列，还有从德国 AEG 公司引进的 NT 系列，如 NT1、NT2、NT3 和 NT4 系列。

（4）无填料封闭管式熔断器　常用的无填料封闭管式熔断器 RM10 系列，如图 4-4 所示，主要由熔管和带夹座的底座组成。其中，熔管由钢纸管（俗称反白管）、黄铜套和黄铜帽组成，安装时铜帽与夹座相连，100A 及以上的熔断器的熔管设有触刀，安装时触刀与夹座相连。熔体由低熔点、变截面的锌合金片制成，熔体熔断时，纤维熔管的部分纤维物因受热而分解，产生高压气体，使电弧很快熄灭。

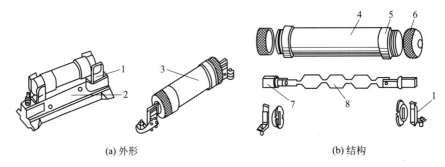

(a) 外形　　　　　　　　　　　　(b) 结构

图 4-4　RM10 型无填料封闭管式熔断器

1—夹座；2—底座；3—熔管；4—钢纸管；5—黄铜套；6—黄铜帽；7—触刀；8—熔体

无填料封闭管式熔断器是一种可拆卸的熔断器，具有结构简单、分断能力较大、保护性能好、使用方便等特点，一般与刀开关组合使用构成熔断器式刀开关。主要用于容量不是很大且频繁发生过载和短路的负载电路中，对负载实现过载和短路保护。

　　（5）快速熔断器　快速熔断器是一种用于保护半导体元器件的熔断器，由熔断管、触点底座、动作指示器和熔体组成。熔体为银质窄截面或网状形式，只能一次性使用，不能自行更换。由于具有快速动作性，故常用于过载能力差的半导体元器件的保护，其常用的半导体保护性熔断器有 RS、RLS 和从德国 AEG 公司引进的 NGT 型。如图 4-5 所示。

图 4-5　快速熔断器外形图

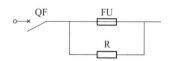
图 4-6　自复式熔断器与断路器串联接线图

　　（6）自复式熔断器　自复式熔断器实质上是一种大功率非线性电阻元件，具有良好的限流性能，可分断 200kA 电流。与一般熔断器有所不同，不需更换熔体，能自动复原，多次使用。RM 型和 RT 型等熔断器都有一个共同的缺点，即熔体熔断后，必须更换熔体方能恢复供电，从而使中断供电的时间延长，给供电系统和用电负荷造成一定的停电损失。而 RZ1 型自复式熔断器弥补了这一缺点，它既能切断短路电流，又能在短路故障消除后自动恢复供电，无需更换熔体。但在线路中只能限制短路电流，不能切除故障电路。所以自复式熔断器通常与低压断路器配合使用，或者组合为一种带自复式熔断体的低压断路器。

　　为了抑制分断时产生的过电压，自复式熔断器要并联一只阻值为 80～120MΩ 的附加电阻，如图 4-6 所示。常见的 RZ1 系列自复式熔断器主要用于交流 380V 的电路中。额定电流有 100A、200A、400A、600A 四个等级。

4.1.2　熔断器的主要技术参数

　　（1）额定电压 U_N　熔断器的额定电压是指熔断器长期工作时能够承受的安全电压，它取决于线路的额定电压，其值一般应等于或大于电气设备的额定电压。熔断器的额定电压等级有：220V、380V、415V、550V、660V 和 1140V 等。

　　（2）额定电流 I_N　熔断器的额定电流是指熔断器长期工作时，各部件温升不超过规定值时所能承受的电流。熔断器的额定电流与熔体的额定电流是不同的，熔断器的额定电流等级比较少，而熔体的额定电流等级比较多，即在同一规格的熔断器内可以安装不同额定电流等级的熔体，但熔体的额定电流最大不超过熔断器的额定电流。如 RL-60 熔断器，其额定电流是 60A，但其所安装的熔体的额定电流就有可能是 60A、50A、40A 和 20A 等。

　　（3）极限分断能力　熔断器的极限分断能力是指熔断器在规定的额定电压和功率因数（或时间常数）的条件下，能分断的最大短路电流值。在电路中出现的最大电流值一般是指短路电流值。所以，极限分断能力也反映了熔断器分断短路电流的能力。熔断器的型号与符号如图 4-7 所示。

4.1.3　熔断器的选用

　　熔断器的选择主要是根据熔断器的类型、额定电压、额定电流和熔体额定电流等来选择。选择时要满足线路、使用场合及安装条件的要求。

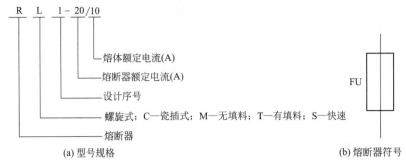

(a) 型号规格　　　　　　　　　　　(b) 熔断器符号

图 4-7　熔断器的型号与符号

（1）在无冲击电流（启动电流）的负载中，如照明、电阻炉等电路，应使熔体的额定电流大于或等于被保护负载的工作电流。即 $I_{ue} \geqslant I_{fz}$。

（2）对有冲击电流的负载中，如电动机控制电路，为了保证电动机既能正常启动又能发挥熔体的保护作用，熔体的额定电流可按下式计算。

单台直接启动电动机：熔体额定电流 $I_{ue} \geqslant$ 电动机额定电流 I_{ed} 的 1.5～2.5 倍。多台直接启动电动机：总保护熔体额定电流 $I_{ue} \geqslant (1.5 \sim 2.5) I_{ed.zd} + \sum I_g$。式中，$I_{ed.zd}$ 为电路中容量最大的一台电动机的额定电流；$\sum I_g$ 为其余电动机工作电流之和。

降压启动电动机：熔体额定电流 $I_{ue} \geqslant$ 电动机额定电流 I_{ed} 的 1.5～2 倍。

4.2　热继电器

热继电器是利用流过热元件的电流所产生的热效应而动作的一种保护电器，主要用于电动机的过载保护、断相保护、电流不平衡运行保护以及其他电气设备发热状态的控制。常见的热继电器有双金属片式、热敏电阻式和易熔合金式。其中以双金属片式的热继电器最多。随着技术发展，热继电器将会被多功能、高性能的电子式电动机保护器所取代。

4.2.1　热继电器的结构及工作原理

双金属片式的热继电器的外形、结构如图 4-8 所示，主要由热元件、双金属片和触点组成。双金属片是热继电器的感测元件，由两种不同热膨胀系数的金属片碾压而成，当双金属片受热时，会出现弯曲变形。使用时，把热继电器的热元件串接在电动机定子绕组中，电动机定子绕组的电流即为流过热元件的电流。其常闭触点串接在电动机的控制电路中。

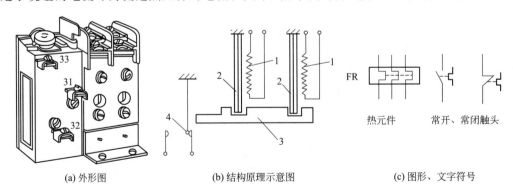

(a) 外形图　　　　　　　　(b) 结构原理示意图　　　　　　　(c) 图形、文字符号

图 4-8　热继电器的外形、结构原理示意图及符号

1—热元件；2—双金属片；3—导板；4—触头复位

当电动机正常运行时，热元件产生的热量虽能使双金属片弯曲，但还不足以使热继电器

的触头动作。当电动机过载时，双金属片弯曲位移增大，推动导板使常闭触头断开，从而切断电动机控制电路起保护作用。热继电器动作后一般不能自动复位，要等双金属片冷却后按下复位按钮复位。热继电器动作电流的调节可以借助旋转凸轮于不同位置来实现。

4.2.2　热继电器的主要技术参数

热继电器的主要技术参数有热继电器额定电流、整定电流、调节范围和相数等。热继电器的额定电流是指流过热元件的最大电流。热继电器的整定电流是指能够长期流过热元件而不致引起热继电器动作的最大电流值。

通常热继电器的整定电流是按电动机的额定电流整定的。对于某一热元件的热继电器，可手动调节整定电流旋钮，通过偏心轮机构，调整双金属片与导板的距离，能在一定范围内调节其电流的整定值，使热继电器更好地保护电动机。

热继电器的品种很多，国产的常用型号有 JR10、JR15、JR16、JR20、JRS1、JRS2、JRS5 和 T 系列等。图 4-9 为热继电器的型号。

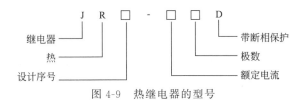

图 4-9　热继电器的型号

4.2.3　热继电器的选择

（1）相数选择　一般情况下，可选用两相结构的热继电器，但当三相电压的均衡性较差，工作环境恶劣或无人看管的电动机，宜选用三相结构的热继电器。对于三角形接线的电动机，应选用带断相保护装置的热继电器。

（2）热继电器额定电流选择　热继电器的额定电流应大于电动机额定电流，然后根据该额定电流来选择热继电器的型号。

（3）热元件额定电流的选择和整定　热元件的额定电流应略大于电动机额定电流。当电动机的启动时间较长、拖动冲击性负载或不允许停车时，热元件整定电流调节到电动机额定电流的 1.11~1.15 倍。

4.3　低压断路器

低压断路器又称自动空气开关，是一种手动与自动相结合的保护电器，主要用于低压配电系统中。在电路正常工作时，作为电源开关使用，可不频繁地接通和断开负荷电流；在电路发生短路等故障时，又能自动跳闸切断故障。对线路或电气设备具有短路、过载、欠压和漏电等保护，因而被广泛应用。

4.3.1　低压断路器的结构

自动空气开关又称低压断路器，其结构主要由触头系统、灭弧系统、保护作用的脱扣器和操作机构等部分组成。如图 4-10 所示，为 DZ 型断路器的外形与结构。

（1）触头系统　触头系统是低压断路器的执行元件，用来接通和分断电路，一般由动触头、静触头和连接导线等组成，正常情况下，主触头可接通和分断工作电流，当线路或设备发生故障时，触头系统能自动快速切断（通常为 0.1~0.2s）故障电流，从而保护电路及电气设备。

（2）灭弧系统　低压断路器的灭弧装置一般采用栅片式灭弧罩，罩内有相互绝缘的镀铜

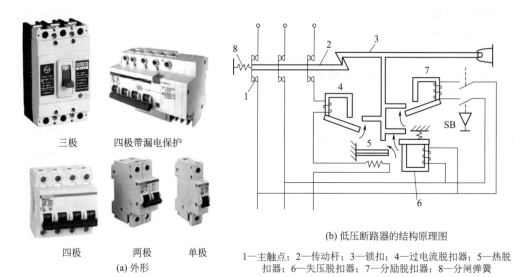

(b) 低压断路器的结构原理图

1—主触点；2—传动杆；3—锁扣；4—过电流脱
扣器；5—热脱扣器；6—失压脱扣器；7—分励脱扣器；8—分闸弹簧

四极　　　两极　　　单极
(a) 外形

图 4-10　低压断路器

钢片组成灭弧栅片，用于在切断短路电流时，将电弧分成多段，使长弧分割成多段断弧，加速电弧熄灭，提高断流能力。如图 4-11 所示。

（3）保护脱扣器

① 过电流脱扣器（电磁脱扣器）　过电流脱扣器上的线圈串联在主电路，线圈通过正常电流产生的电磁吸力不足以使衔铁吸合，脱扣器的上下搭钩钩住，使三对主触头闭合。当电路发生短路或严重过载时，过电流脱扣器的电磁吸力增大，将衔铁吸合，向上撞击杠杆，使上下搭钩脱离，弹簧力把三对主触头的动触头拉开，实现自动跳闸，达到切断电路之目的。

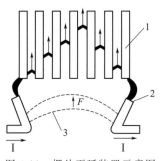

图 4-11　栅片灭弧装置示意图

1—灭弧栅片；2—触点；3—电弧

② 失压脱扣器　当电路电压正常时，失压脱扣器的衔铁被吸合，衔铁与杠杆脱离，断路器主触头能够脱离；当电路电压下降或失去时，失压脱扣器的吸力减小或消失，衔铁在弹簧的作用下撞击杠杆，使搭钩脱离，断开主触头，实现自动跳闸。

③ 热脱扣器　热脱扣器的热元件串联在主电路，当电路过载时，过载电流流过热元件产生一定热量，使双金属片受热向上弯曲，通过杠杆推动搭钩分离，主触头断开，从而切断电路，跳闸后须等 1~3min 待双金属片冷却复位后才能再合闸。

④ 分励脱扣器　分励脱扣器由分励电磁铁和一套机械机构组成，当需要断开电路时，按下跳闸按钮，分励电磁铁线圈通入电流，产生电磁吸力吸合衔铁，使开关跳闸。分励脱扣器只用于远距离跳闸，对电路不起保护作用。

（4）操作机构　断路器的操作机构是实现断路器的闭合与断开的执行机构。一般分为手动操作机构、电磁铁操作机构、电动机操作机构和液压操作机构。其中手动操作机构用于小容量断路器，电磁铁操作机构、电动机操作机构多用于大容量断路器，进行远距离操作。

4.3.2　低压断路器的工作原理

低压断路器的工作原理图如图 4-10 所示。断路器的主触点 1 是靠操作机构手动或电动合闸的,并由自动脱扣机构将主触点 1 锁在合闸位置上。如果电路发生故障,自动脱扣机构在相关脱扣器的推动下动作,使传动杆 2 与锁扣 3 之间的钩子脱开,于是主触点 1 在分闸弹簧 8 的作用下迅速分断。过电流脱扣器 4 的线圈和过载脱扣器 5 的线圈与主电路串联,失压脱扣器 6 的线圈与主电路并联。当电路发生短路或严重过载时,过电流脱扣器的衔铁被吸合,使自动脱扣机构动作;当电路过载时,过载脱扣器的热元件产生的热量增加,使双金属片向上弯曲,推动自动脱扣机构动作;当电路失压时,失压脱扣器的衔铁释放,也使自动脱扣机构动作。分励脱扣器 7 则作为远距离分断电路使用,根据操作人员的命令或其他信号使线圈通电,从而使断路器跳闸。

4.3.3　低压断路器的分类及型号

低压断路器的分类方法较多,按用途分有配电用、电动机用、照明用和漏电保护用。按结构形式分为框架式 DW 系列(又称万能式或装置式)和小型模数式;按极数分为单极、两极、三极和四极;按操作方式分为电动操作、储能操作和手动操作三类;按灭弧介质分为真空式和空气式等;按安装方式分为插入式、固定式和抽屉式三类。

低压断路器常用型号有国产的框架式 DW 系列,如 DW10、DW15、DW17 等;国产的塑壳式 DZ 系列,如 DZ20、DZ5、DZ47 等,以及企业自己命名的 CM1 系列、CB11 系列和 TM30 系列等。引进国外的有德国西门子的 3VU1340、3WE、3VE 系列;日本寺崎电气公司的 AH 系列;美国西屋公司的 H 系列以及 ABB 公司等。低压断路器型号如图 4-12 所示。

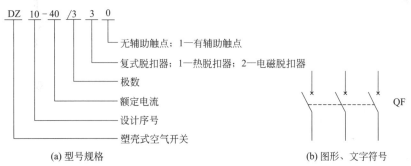

图 4-12　低压断路器的型号与符号

4.3.4　低压断路器的主要技术参数

(1) 额定电压　额定电压是指低压断路器在规定条件下长期运行所能承受的工作电压,一般指线电压。可分为额定工作电压、额定绝缘电压和额定脉冲电压三种。

① 断路器的额定工作电压　其是指与通断能力及使用类别相关的电压值。通常大于或等于电网的额定电压等级,我国常用的额定电压等级有:交流 220V、380V、660V、1140V;直流 110V、240V、440V、750V、850V、1000V、1500V 等。应该指出,同一断路器可以规定在几种额定工作电压下使用,但相应的通断能力并不相同。

② 额定绝缘电压　高于额定工作电压,一般情况下,额定绝缘电压就是断路器的最大额定工作电压。断路器的电气间隙和爬电距离应按此电压值确定。

③ 额定脉冲电压　断路器工作时,要承受系统中所发生的过电压,因此断路器的额定电压参数中给定了额定脉冲耐压值,其数值应大于或等于系统中出现的最大过电压峰值。额定绝缘电压和额定脉冲电压共同决定了断路器的绝缘水平。

(2) 额定电流　断路器的额定电流是指断路器在规定条件下长期工作时的允许持续电

流。额定电流等级一般有 6A、10A、16A、20A、32A、40A、63A、100A 等。

（3）通断能力　通断能力指在一定的试验条件下，自动开关能够接通和分断的预期电流值。常以最大通断电流表示其极限通断能力。

（4）分断时间　分断时间是指从电路出现短路的瞬间开始到触点分离、电弧熄灭、电路完全分断所需的全部时间。一般直流快速断路器的动作时间 20～30ms，交流限流断路器的动作时间应小于 5ms。

4.3.5　低压断路器的选择

额定电流在 600A 以下，且短路电流 不大时，可选用 DZ 系列断路器；若额定电流较大，短路电流也较大时，应采用 DW 系列断路器。一般选择的原则如下。

（1）断路器的额定电压和额定电流应不小于电路的正常工作电压和工作电流。

（2）热脱扣器的整定电流应与所控制的电动机的额定电流或负载额定电流一致。

（3）电磁脱扣器瞬时脱扣整定电流应大于负载电路正常工作时的尖峰电流，对于电动机负载来说，DZ 型自动开关应按下式计算：$I_z \geqslant KI_g$。式中，K 为安全系数，可取 1.5～1.7；I_g 为电动机的启动电流。

（4）断路器的极限分断能力大于电路中的最大短路电流。

4.4　行程开关

行程开关又称限位开关。在电力拖动系统中，常常需要控制运动部件的行程，以改变电动机的工作状态，如机械运动部件移动到某一位置时，要求自动停止、反向运动或改变移动速度，从而实现行程控制或限位保护。它的结构、工作原理与按钮相同，其特点是不靠手动，而是利用生产机械某些运动部件的碰撞使触头动作，发出控制指令。行程开关主要应用于各类机床和起重机械控制电路中。

行程开关的种类很多，常用的行程开关有直动式、单轮旋转式和双轮旋转式，如图4-13 所示，常见的型号有 LX19、LX21、LX22、LX32、JLXK1 等系列。

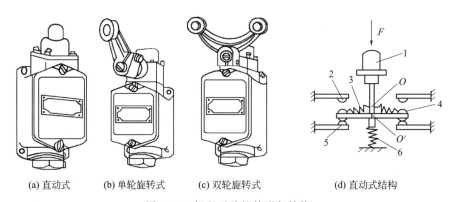

(a) 直动式　　　(b) 单轮旋转式　　　(c) 双轮旋转式　　　(d) 直动式结构

图 4-13　行程开关的外形与结构

1—顶杆；2—常开触头；3—触点弹簧；4—动触点；5—常闭触头；6—复位弹簧

LX19 及 JLXK1 型行程开关都具有一个常闭触头和常开触头，其触头有自动复位（直动式、单轮式）和不能自动复位（双轮式）两种类型。

各种行程开关的结构基本相同，大都由推杆、触点系统和外壳等部件组成。区别仅在于行程开关的传动装置和动作速度不同。

行程开关的型号与符号如图 4-14 所示。

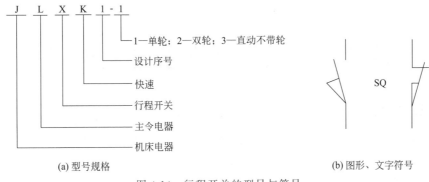

(a) 型号规格　　　　　　　　　　(b) 图形、文字符号

图 4-14　行程开关的型号与符号

4.5　技能训练

4.5.1　训练内容

热继电器的拆卸、装配及测试方法。

4.5.2　工作准备

工具：小扳手，螺丝刀，数字万用表。

器件：JR36-63 或 JR168-20 型热继电器。

4.5.3　工作过程

（1）拆卸　松开热继电器后盖上的螺丝，取下后盖板，注意观察热继电器的内部结构，找出热元件、双金属片、导板和触头等。旋转凸轮，观察触头位置变化。用手按下复位按钮，观察触头是否复位。

（2）安装　与拆卸相反的顺序进行组装，组装过程中注意复位按钮的放置位置，如果放置不合适，则按压复位按钮时不灵活。

（3）测试　将数字万用表功能开关旋钮拨至二极管蜂鸣器挡，两表笔依次放在两对触点上，无声且万用表显示为"1"，此对触头为常开触头；有声响且显示为"0"，此对触头为常闭触头，并记下编号。

4.5.4　技能考核

每个小组中任选一人，进行热继电器的拆装及测试考核，时间为 3min，在拆卸过程中要说明每一个元件的名称、作用以及该器件在电路中所起的作用。

项目 5　认识非电量控制电器

【本项目目标】

① 了解时间、速度、温度、压力继电器等非电量控制电器的基本结构。
② 熟悉各类非电量控制电器的用途和主要参数。
③ 掌握时间、速度、温度、压力等继电器的使用方法。

5.1　时间继电器

5.1.1　时间继电器的结构原理

时间继电器是一种按照所需时间延时动作的控制电器，用来协调和控制生产机械的各种动作，主要用于按时间原则的顺序控制电路中，如电动机的星-三角降压启动电路。按工作原理与构造不同，时间继电器可分为电磁式、电动式、空气阻尼式、电子式等。按延时方式可分为通电延时型和断电延时型两种。在控制电路中应用较多的是空气阻尼式、晶体管式和数字式时间继电器。

（1）空气阻尼式时间继电器　其又称气囊式时间继电器，如图 5-1 所示，其结构简单，受电磁干扰小，寿命长，价格低。延时范围可达 0.4～180s，但其延时误差大（±10%～±20%），无调节刻度指示，难以精确整定延时值，且延时值易受周围介质温度、尘埃及安装方向的影响。因此，空气阻尼式时间继电器只适用于对延时精度要求不高的场合。

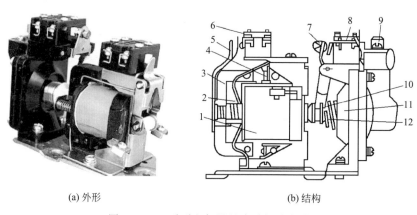

(a) 外形　　　　　　　　　　(b) 结构

图 5-1　JS7 系列空气阻尼式时间继电器

1—线圈；2—反作用弹簧；3—衔铁；4—静铁芯；5—弹簧片；6—瞬时触点；7—杠杆；
8—延时触点；9—调节螺钉；10—推板；11—推杆；12—宝塔弹簧

空气阻尼式时间继电器主要由电磁系统、触点系统、气室和传动机构四部分组成，电磁机构为双 E 直动式，触点系统采用微动开关，气室和传动机构采用气囊式阻尼器。它是利用空气阻尼原理来获得延时的，分通电延时和断电延时两种类型。对于通电延时型时间继电器，如图 5-2(a) 所示。

当线圈 1 通电后，静铁芯 2 将衔铁 3 吸合，推板 5 使微动开关 16 立即动作，活塞杆 6

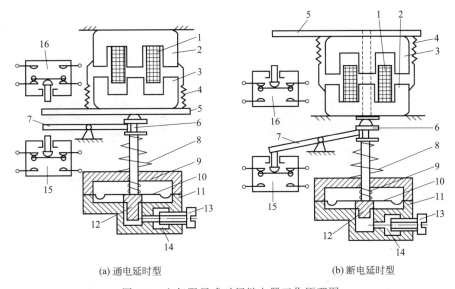

(a) 通电延时型　　　　　　　　　　　　　(b) 断电延时型

图 5-2　空气阻尼式时间继电器工作原理图

1—线圈；2—静铁芯；3—衔铁；4—反作用弹簧；5—推板；6—活塞杆；7—杠杆；8—宝塔弹簧；
9—弱弹簧；10—橡皮膜；11—空气室壁；12—活塞；13—调节螺杆；14—进气孔；15,16—微动开关

在宝塔弹簧 8 的作用下，带动活塞 12 及橡皮膜 10 向上移动，由于橡皮膜下方气室空气稀薄，形成负压，因此活塞杆 6 不能迅速上移。当空气由进气孔 14 进入时，活塞杆 6 才逐渐上移。移到最上端时，杠杆 7 才使微动开关 15 动作，使常闭触头断开、常开触头闭合，从线圈通电开始到微动开关完全动作为止的这段时间就是继电器的延时时间。通过调节螺杆 13 可调节进气孔的大小，也就调节了延时时间的长短，延时范围有 0.4～60s 和 0.4～180s 两种。

当线圈断电时，电磁力消失，动铁芯在反作用弹簧 4 的作用下释放，将活塞 12 推向最下端。因活塞被往下推时，橡皮膜下方气室内的空气都通过橡皮膜 10、弱弹簧 9 和活塞 12 肩部所形成的单向阀，经上气室缝隙迅速排掉，使微动开关 15 与 16 迅速复位。

若将通电延时型时间继电器的电磁机构翻转 180° 后安装，可得到如图 5-2（b）所示的断电延时型时间继电器。其工作原理与通电延时型相似，微动开关 15 是在线圈断电后延时动作的。

（2）电磁式时间继电器　如图 5-3 所示，为直流 JT3 系列电磁式时间继电器，其结构简单，价格便宜，延时时间较短，一般为 0.3～5.5s，只能用于断电延时，且体积较大。

（3）电动式时间继电器　如 JS10、JS11、JS17 系列，结构复杂，价格较贵，寿命短，但精度较高，且延时时间较长，一般为几分钟到数个小时。图 5-4 所示为 JS10 系列电动式时间继电器。

（4）电子式时间继电器　电子式时间继电器按其构成分为晶体管式时间继电器和数字式时间继电器。按输出形式分为有触头型和无触头型。电子式时间继电器具有体积小、延时精度高、工作稳定、安装方便等优点，广泛用于电力拖动、顺序控制以及各种生产过程的自动化控制。随着电子技术的发展，电子式时间继电器将取代电磁式、电动式、空气阻尼式等时间继电器，图 5-5 为 JSZ3 电子式时间继电器。

① 晶体管式时间继电器　其又称半导体式时间继电器，如图 5-6 所示，为 JS20 系列晶体管式时间继电器。它是利用 RC 电路电容充电时，电容电压不能突变，按指数规律逐渐变

化的原理获得延时，具有体积小、精度高、调节方便、延时长和耐振动等特点。延时范围从 0.1～3600s，但由于受 RC 延时原理的限制，使抗干扰能力弱。

图 5-3　JT3 系列电磁式时间继电器

图 5-4　JS10 系列电动式时间继电器

图 5-5　JSZ3 电子式时间继电器

图 5-6　JS20 晶体管式时间继电器

图 5-7　JS14C 系列数字式时间继电器

　　② 数字式时间继电器　如图 5-7 所示，为 JS14C 系列的数字式时间继电器，采用 LED 显示的新一代时间继电器，具有抗干扰能力强、工作稳定、延时精确度高、延时范围广、体积小、功耗低、调整方便、读数直观等优点。延时范围为 0.01s～99h99min。

5.1.2　时间继电器的选择原则

　　(1) 根据工作条件选择时间继电器的类型。如电源电压波动大、对延时精度要求不高的场合可选择空气阻尼式时间继电器或电动式时间继电器；电源频率不稳定的场合不宜选用电动式时间继电器；环境温度变化大的场合不宜选用空气阻尼式时间继电器和电子式时间继电器。

　　(2) 根据延时精度和延时范围要求选择合适的时间继电器。

　　(3) 根据控制电路对延时触头的要求选择延时方式，即通电延时型和断电延时型。

　　图 5-8 为时间继电器型号和接线图，图 5-9 为时间继电器符号。

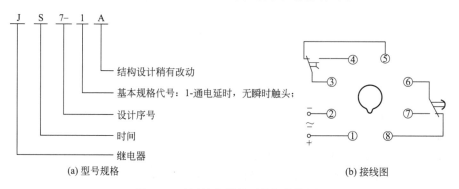

图 5-8　时间继电器的型号与接线图

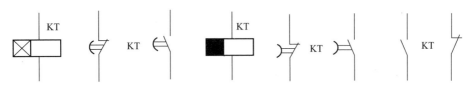

(a) 通电延　　(b) 通电延时　　(c) 通电延时　　(d) 断电延　　(e) 断电延时　　(f) 断电延时　　(g) 瞬动　　(h) 瞬动
时线圈　　的常闭触头　　的常开触头　　时线圈　　的常闭触头　　的常开触头　　常开触头　　常闭触头

图 5-9　时间继电器的图形和文字符号

5.2　速度继电器

　　速度继电器又称反接制动继电器，是一种随着电动机的转速达到规定值时，其触头动作的继电器。它将转速的变化信号转换为电路通断的信号，主要用于笼型异步电动机反接制动控制电路中，当反接制动下的电动机转速下降到规定值时，自动切断电源，防止电动机反转。

　　速度继电器主要由定子、转子和触点三部分组成。转子是一个圆柱形永久磁铁，其轴与被控电动机的轴直接相连，随电动机的轴一起转动。定子是一个笼型空心圆环，由硅钢片叠成，并装有笼型绕组，如图 5-10 所示，为速度继电器的结构原理和外形图。

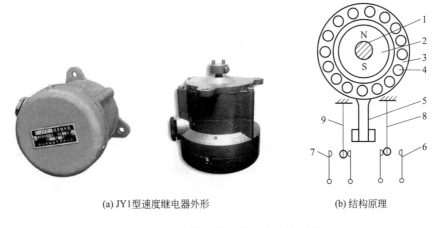

(a) JY1型速度继电器外形　　　　　(b) 结构原理

图 5-10　速度继电器的外形和结构原理
1—转轴；2—转子；3—定子；4—绕组；5—摆锤；
6,7—静触点；8,9—动触点

　　速度继电器的工作原理是：当电动机转动时，带动速度继电器的转子转动，在空间产生一个旋转磁场，并在定子绕组中产生感应电流，该电流与旋转的转子磁场作用产生转矩，使定子随转子转动方向而偏转，其偏转角度与电动机的转速成正比。当偏转到一定角度时，带动与定子相连的摆锤推动动触点动作，使常闭触点断开，随着电动机转速进一步升高，摆锤继续偏摆，推动常开触点闭合。当电动机转速下降时，摆锤偏转角度随之下降，动触点在簧片作用下复位，即常开触点断开，常闭触点闭合。

　　一般速度继电器的动作转速为 120r/min，复位转速为 100r/min。常用的速度继电器有 JY1 型、JFZ0-1 和 JFZ0-2 型。如图 5-11 所示，为速度继电器的型号和符号。

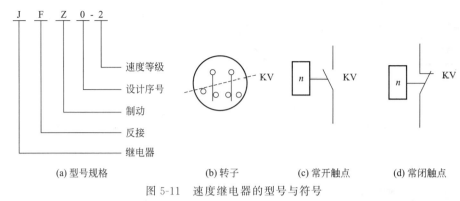

(a) 型号规格　　　　　　　(b) 转子　　　　(c) 常开触点　　　(d) 常闭触点

图 5-11　速度继电器的型号与符号

5.3　温度继电器

温度继电器是一种微型过热保护元件。它利用温度敏感元件，如热敏电阻，其阻值随被测温度变化而改变的原理，经电子线路比较放大，驱动小型继电器动作，从而迅速、准确地反映某点的温度。主要用于电气设备在非正常工作情况下的过热保护以及介质温度控制。如用于电动机的过载或堵转故障的过热保护，将其埋在电动机定子槽内或绕组端部等，当电动机绕组温度或介质温度超过某一允许温度值时，温度继电器快速动作切断控制电路，起到保护作用，而当电动机绕组温度或介质温度冷却到继电器的复位温度时，温度继电器又能自动复位重新接通控制电路。

如图 5-12 所示，为温度继电器的外形图，它在电子电路图中的符号是"FC"。温度继电器可分为两种类型，即双金属片式和热敏电阻式温度继电器。

图 5-12　温度继电器的外形图

5.3.1　双金属片式温度继电器

双金属片式温度继电器的工作原理与热继电器相似。其结构是封闭式的，一般被埋设在电动机的定子槽内、绕组端部或者绕组侧旁，以及其他需要保护处，甚至可以置于介质当中，以防止电动机因过热而被烧坏。因此，这种继电器也可作介质温度控制用。常用的产品有 JW2 系列和 JW6 系列。

双金属片式温度继电器的缺点是加工工艺复杂，且双金属片易老化。当为电动机的堵转提供保护时，由于体积偏大，不便埋设，多置于绕组端部，就很难及时反映温度上升的情况，以致出现动作滞后的现象，因此，双金属片式温度继电器的应用受到一定程度的限制。

5.3.2　热敏电阻式温度继电器

以热敏电阻作为感测元件的温度继电器，有与电动机的发热特性匹配良好、热滞后性小、灵敏度高、体积小、耐高温以及坚固耐用等优点，因而得到广泛的应用，可取代双金属片式温度继电器。主要用于过热保护、温度控制与调节、延时以及温度补偿等。

　　热敏电阻是有两根引出线的 N 型半导体，其外部以环氧树脂密封。当温度在 65℃ 以下时，热敏电阻的阻值基本保持恒定值，一般在 60～85Ω 之间，这个电阻值称为冷态电阻。随着温度的升高，热敏电阻的阻值开始增大，起初是非线性地缓慢变化，直至温度上升到材料的居里点以后，电阻值几乎是线性剧增，电阻温度系数可以高达 20％～30％。

　　常用的热敏电阻式温度继电器有 JW4、JUC-3F（超小型）、JUC-6F（超小型中功率）、WSJ-100 系列数显等温度继电器。

5.4　压力继电器

　　压力继电器是一种将压力的变化转换成电信号的液压器件，又称压力开关。通常用于机床液压控制系统中，它是根据油路中液体压力的变化情况决定触点的断开与闭合。当油路中液体压力达到压力继电器的设定值时，发出电信号，使电磁铁、控制电动机、时间继电器、电磁离合器等电气元件动作，使油路卸压、换向。执行元件实现顺序动作或关闭电动机，使系统停止工作，从而实现对机床的保护或控制。图 5-13 为压力继电器的外形图。

图 5-13　压力继电器的外形图

　　压力继电器由缓冲器、橡皮薄膜、顶杆、压缩弹簧、调节螺母和微动开关等组成，如图 5-14 所示为压力继电器的结构示意图。微动开关和顶杆的距离一般大于 0.2mm。压力继电器装在油路（或气路、水路）的分支管路中。当管路压力超过整定值时，通过缓冲器和橡皮薄膜顶起顶杆，使微动开关动作，使常闭触点 1、2 端断开，常开触点 3、4 端闭合。当管路中压力低于整定值时，顶杆脱离微动作开关而使触点复位。

　　使用压力继电器时，应注意压力继电器必须安装在压力有明显变化的地方才能输出电信号，如果将压力继电器安装在回油路上，由于回油路直接接回油箱，压力没有变化，所以压力继电器不会工作。调节压力继电器时，只需放松或拧紧调整螺母即可改变控制压力。

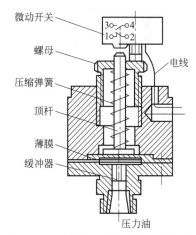

图 5-14　压力继电器的结构示意图

　　常用的压力继电器有 YJ 系列，威格 DP-63A、DP-10、DP-25、DP-40 管式系列，HED-10 型、HED-40 柱塞式压力继电器等。其中 YJ 系列压力继电器的额定工作电压为交流 380V，YJ-0 型控制的最大压力为 0.6MPa，最小压力为 0.2MPa，YJ-1 型控制的最大压力为 0.2MPa、最小压力为 0.1MPa。

5.5　技能训练

5.5.1　训练内容

时间继电器的拆卸、装配及测试方法。

5.5.2　工作准备

工具：小扳手，螺丝刀，数字万用表。

器件：JS7-1A 或 JS14C 型时间继电器。

5.5.3　工作过程

（1）拆卸　松开空气阻尼式时间继电器气室的螺丝，取下气室端盖，注意观察时间继电器气室的内部结构，找出橡皮膜、活塞杆、进气孔等。观察延时触头和瞬动触头位置。松开空气阻尼式时间继电器线圈的固定螺丝，用手按下塔形弹簧，观察动作过程。

（2）安装　与拆卸相反的顺序进行组装，组装过程中注意线圈的安装位置，如果放置不合适，则延时触头和瞬动触头不能可靠动作。

（3）测试　将数字万用表功能开关旋钮拨至二极管蜂鸣器挡，两表笔依次放在延时触头和瞬动触头两对触点上，无声且万用表显示为"1"，此对触头为常开触头；有声响且显示为"0"，此对触头为常闭触头，并记下触头位置。

5.5.4　技能考核

每个小组中任选一人，进行空气阻尼式时间继电器的拆装及测试考核，时间为 3min，在拆卸过程中要说明每一个元件的名称、作用以及该器件在电路中所起的作用。

项目6 认识智能电器

【本项目目标】

① 了解软启动器、变频器、可编程序控制器等智能电器的基本结构。
② 熟悉软启动器、变频器、可编程序控制器的用途和主要参数。
③ 掌握软启动器、变频器、可编程序控制器的使用方法。

6.1 软启动器

软启动器是一种集笼型异步电动机软启动、软停车、轻载节能，同时具有过载、缺相、过压、欠压、接地保护功能于一体的减压启动器，是继星-三角启动器、自耦减压启动器、磁力启动器之后，目前最先进、最流行的启动器。它采用智能化控制，既能保证电动机在负载要求的启动特性下平滑启动，又能降低对电网的冲击。同时还能直接与计算机实现网络通信控制。如图 6-1 所示为软启动器的外形图。

6.1.1 软启动器的工作原理

如图 6-2 所示为软启动器的工作原理图。在软启动器中三相交流电源与被控电动机之间串有三相反并联晶闸管。利用晶闸管的电子开关特性，通过软启动器中的单片机控制其触发脉冲、触发角的大小来改变晶闸管的导通角度，从而改变加到定子绕组上的三相电压。当晶闸管的导通角从"0"开始上升时，电动机开始启动。随着导通角的增大，晶闸管的输出电压也逐渐增高，电动机便开始加速，直至晶闸管全导通，电动机在额定电压下工作，实现软启动控制。因此，所谓"软启动"实质上就是按照预先设定的控制模式进行的降压启动过程。

图 6-1 软启动器外形图

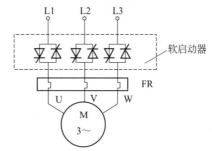

图 6-2 软启动器的原理图

软启动器实际上是一个调压器，只改变输出电压，不改变电源频率。

6.1.2 软启动器的特点

（1）降低电动机启动电流，降低配电容量，避免增容投资。
（2）降低启动机械应力，延长电动机及相关设备的使用寿命。
（3）启动参数可视负载调整，实现最佳启动效果。
（4）具有多种启动模式和保护功能，有效保护设备。
（5）具有用户操作显示键盘，操作灵活简便。

（6）具有微处理器控制系统，性能可靠。

（7）具有相序自动识别及纠正，电路工作与相序无关。

6.1.3　软启动器的接线方式

软启动器的接线方式主要有不带旁路接触器和带旁路接触器两种。

（1）不带旁路接触器接线方案　笼型异步电动机是感性负载，运行中，定子电流滞后于电压。若电动机工作电压不变，电动机处于轻载时，功率因数低；电动机处于重载时，功率因数高。软启动器能在轻载时通过降低电动机端电压，提高功率因数，减少电动机的铜耗和铁耗，达到轻载节能的目的；负载重时，则提高端电压，确保电动机正常运行。因此，对可变负载，电动机长期处于轻载运行，只有短时或瞬时处于重载的场合，应采用不带旁路接触器的接线方案。

（2）带旁路接触器接线方案　对于电动机负载长期大于40％的场合，应采用带旁路接触器的接线方式。这样可以延长软启动器的寿命，避免对电网的谐波污染，还能减少软启动器的晶闸管热损耗。如图6-3所示为软启动器引脚接线示意图。图6-4为软启动器带旁路接触器的接线示意图。

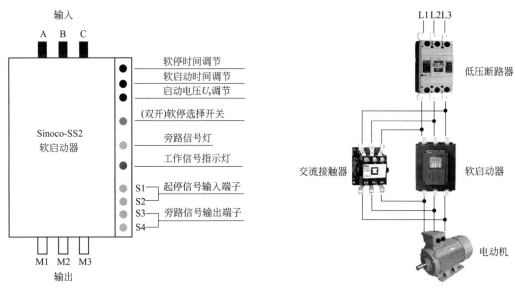

图6-3　软启动器引脚接线示意图　　　　图6-4　软启动器带旁路接触器接线示意图

6.1.4　软启动器的选用

目前市场上常见的软启动器有旁路型、无旁路型、节能型等。可根据负载性质选择不同型号的软启动器。

（1）旁路型　在电动机达到额定转速时，用旁路接触器取代已完成任务的软启动器，降低晶闸管的热损耗，提高其工作效率。也可以用一台软启动器去启动多台电动机。

（2）无旁路型　晶闸管处于全导通状态，电动机工作于全压方式，忽略电压谐波分量，经常用于短时重复工作的电动机。

（3）节能型　当电动机负荷较轻时，软启动器自动降低施加于电动机定子上的电压，减少电动机电流励磁分量，提高电动机功率因数。

另外，可根据电动机的标称功率和电流负载性质选择启动器，一般软启动器容量稍大于电动机工作电流，还应考虑保护功能是否完备，例如缺相保护、短路保护、过载保护、逆序保护、过压保护、欠压保护等。常用的软启动器的种类如下。

① 国产软启动器　有 JKR 系列、WJR 系列、JLC 系列等，JQ、JQZ 型为节能启动器。JQ、JQZ 型分别用于启动轻负载和重负载，可启动的最大电动机功率可达 800kW。

② 瑞典 ABB 公司的 PSA、PSD 和 PSDH 型软启动器　其中 PSDH 型用于启动重负载，常用电动机功率为 7.5～450kW，最大功率达 800kW。

③ 美国 GE 公司 ASTAT 系列软启动器　电动机功率可达 850kW，额定电压为 500V，额定电流为 1180A，最大启动电流为 5900A。

④ 德国西门子公司的软启动器　3RW22 型的额定电流为 7～1200A。有 19 种额定值。

6.1.5　新型智能软启动器

随着软启动器技术的发展，ABB 公司推出一种全新智能的 PSTX 系列软启动器。它增加了可分离式键盘（操作面板），在不停机的情况下，可查询电动机的运行状态信息或更改设置参数。集成 Modbus RTU 主流的通信协议，通过 RS485 物理接口监测软启动器状态信息。配置用于 PTC/PT100 温度传感器输入端子，具有模拟量输出信号。内置旁路，当电动机全速运行时，PSTX 型软启动器会激活内置旁路，通过减少软起动器发热来降低能耗。如图 6-5 所示为 PSTX 型软启动器。

图 6-5　PSTX 型软启动器

图 6-6　PSTX 型软启动器操作面板

PSTX 型软启动器操作面板如图 6-6 所示，其功能键介绍如下。

① 选择软键，分为左选择软键和右选择软键。左选择软键为选项键，右选择软键为菜单键，可以实现软启动器的参数选择、退出、更改和保存等功能。

② 导航键，用于浏览菜单和更换参数值。在显示屏上以黑色背景突出显示的数字或文本，可以更改或滚动。对软启动器进行数值设置时，使用 ◁ 和 ▷ 键选择数字，选中的数字通过黑色背景突出显示，再通过 △ 或 ▽ 更改选中数字的值，按右选择软键（菜单键）保存。

③ R/L 键，又称远程/本地键，使用此键可以在人机界面进行本地控制和硬接线输入，也可以切换到现场总线远程控制模式上，实现对软启动器的控制。

④ 信息键，用于显示软启动器状态和设置的信息，按下此键时，可以获得人机界面中与当前设置相关的一般信息和帮助。

⑤ 停止键，是用于软启动器的停止开关。按下此键时，电动机将按照设置的参数停止。在本地控制模式下，可以在启动"斜坡期间"发出停止命令。

⑥ 启动键，是用于软启动器的启动开关。在本地控制模式下，按下此键时，电动机将

按照设置的参数启动并运行。

⑦ 绿色 LED 指示灯，表示就绪（Ready）。当该指示灯常亮时，表明控制电源电压 U_S 和工作电压 U_e 都接通；当该指示灯闪烁时，表明控制电源电压 U_S 接通，而工作电压 U_e 未接通。

⑧ 绿色 LED 指示灯，表示运行（Run）。当该指示灯常亮时，表明电动机在全压状态下运行；当该指示灯闪烁时，表明软启动器在启动或停止的斜坡期间。

⑨ 黄色 LED 指示灯，表示保护（Protection）。当该指示灯常亮时，表明保护功能"脱扣"且无法重置；当该指示灯闪烁时，表明保护功能"脱扣"但可以重置。

⑩ 红色 LED 指示灯，表示故障（Fault）。当该指示灯常亮时，表明发生了故障且无法重置；当该指示灯闪烁时，表明发生了故障但可以重置。

⑪ Mini USB 端口，用于与外部设备如 PC 的通信。

6.2 变频器

变频器是一种将交流电压的频率和幅值进行变换的智能电器，主要用于交流异步电动机、交流同步电动机转速的调节和启动控制，是最理想的调速控制设备。同时具有显著的节能作用。自 20 世纪 80 年代被引进我国以来，变频器作为节能应用与速度控制的智能化设备，大大提高电动机转速的控制精度，使电动机在最节能的转速下运行。因而得到了广泛的应用。如图 6-7 所示为变频器的外形图。

6.2.1 变频器的结构原理

变频器的基本结构有四个主要部分，即整流电路、直流中间电路、逆变电路和控制电路部分。其简化结构如图 6-8 所示。

图 6-7 变频器的外形与操作面板

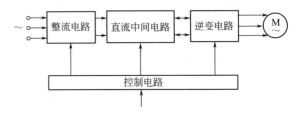

图 6-8 变频器的结构简图

（1）整流电路 三相变频器的三相整流电路由三相全波整流桥完成。主要对工频的外电源进行整流，产生脉动的直流电压，给逆变电路和控制电路提供所需要的直流电源。

（2）直流中间电路 直流中间电路的作用是对整流电路的输出进行平滑，以保证逆变电路和控制电路电源能够得到质量较高的直流电源。中间电路通过大容量的电容平滑输出电压，称为电压型变频器；通过大容量电感对输出电压平滑，称为电流型变频器。

（3）逆变电路 逆变电路是变频器最主要的部分之一。它的主要作用是将直流中间电路输出的直流电压转换成频率和电压都可调节的交流电源。

（4）控制电路 控制电路是整个系统的核心电路，包括主控制电路、信号检测电路、门极（基极）驱动电路、外部接口电路以及保护电路等几个部分。控制电路的主要作用是将检测电路得到的各种信号送至运算电路，使运算电路能够根据要求为变频器主电路提供必要的门极（基极）驱动信号，并对变频器和异步电动机提供必要的保护。

6.2.2　变频器的分类

变频器的分类方式较多，若按其供电电压分为低压变频器（110V、220V、380V）、中压变频器（500V、660V、1140V）和高压变频器（3V、3.3V、6V、6.6V、10kV）。按供电电源的相数分为单相变频器和三相变频器。按系统结构来分，可分为交-交直接变频系统和交-直-交间接变频系统。总体归纳如下：

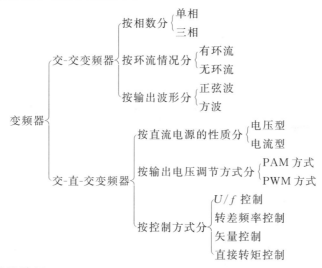

6.2.3　变频器的选用

（1）根据电动机电流选择变频器容量　采用变频器对异步电动机进行调速时，在异步电动机确定后，通常根据异步电动机的额定电流来选择变频器，或者根据异步电动机实际运行中的电流值（最大值）来选择变频器。由于变频器供给电动机的电流是脉动电流，其脉动值比工频供电时的电流要大，因此，须将变频器的容量留有适当的余量。通常应使变频器的额定输出电流≥（1.05～1.1）倍电动机的额定电流（铭牌值）或电动机实际运行中的最大电流。

（2）根据电动机的额定电压选择变频器输出电压　变频器的输出电压按电动机的额定电压选定。在我国低压电动机多数为 380V，可选用 400V 系列变频器。应当注意变频器的工作电压是按 U/f 曲线变化的。变频器规格表中给出的输出电压是变频器的可能最大输出电压，即基频下的输出电压。

（3）输出频率　变频器的最高输出频率有 50Hz、60Hz、120Hz、240Hz 或更高。50Hz、60Hz 的变频器，在额定速度以下范围内进行调速运转为目的，大容量通用变频器几乎都属于此类。最高输出频率超过工频的变频器多为小容量。在 50Hz、60Hz 以上区域，由于输出电压不变，为恒功率特性，要注意在高速区转矩的减小。例如，车床根据工件的直径和材料改变速度，在恒功率的范围内使用；在轻载时采用高速可以提高生产率，但需注意不要超过电动机和负载的允许最高速度。

目前，常用的变频器有西门子、ABB、三菱等国外品牌。国产品牌占有率仅为 25%。其中，利德华福、森兰、惠丰等品牌效应逐渐形成，台湾的台达、康沃、普传等品牌在大陆销售较好，但与国外的西门子、ABB 等品牌相比，还存在较大的差距。

6.3　可编程序控制器

可编程序控制器（Programmable Logic Controller）简称 PLC，是在传统的继电器控制原理的基础上，以微处理器为基础，综合了计算机技术、自动控制技术和通信技术而发展起来的一种新型智能工业控制器。只要赋予用户程序（软件），便可控制不同的工业设备或系统。

20 世纪 60 年代后期由美国研制出世界上第一台可编程序控制器。70 年代中期，可编程序控制器进入实用化阶段。80 年代初获得了迅速发展。由于其具有编程容易、体积小、使用灵活方便、抗干扰能力强、可靠性高等一系列优点，因此，被广泛应用于电力、机械、冶金、石油、化工、交通、煤炭等工业生产过程的自动控制领域。如图 6-9 所示为可编程序控制器的外形图。

(a) 整体式三菱小型机　　　(b) 整体式西门子三菱小型机　　　(c) 模块式中、大型机

图 6-9　可编程序控制器的外形图

6.3.1　可编程序控制器结构原理

PLC 的硬件由中央处理器（CPU）、存储器（RAM、ROM）、输入/输出单元（I/O）接口、编程设备、通信接口及电源等组成。如图 6-10 所示。

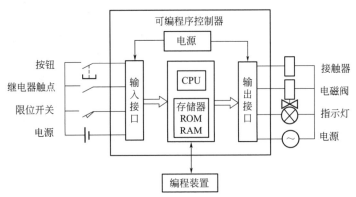

图 6-10　可编程序控制器结构原理图

（1）中央处理单元　中央处理单元（CPU）是 PLC 的核心部件，PLC 的工作过程都是在中央处理器的统一指挥和协调下进行的，它的主要任务是在系统程序的控制下，完成逻辑运算、数学运算、协调系统内部各部分工作等，然后根据用户所编制的程序去处理相关数据，最后再向被控对象送出相应的控制信号。

（2）存储器　存储器是 PLC 用来存放系统程序、用户程序、逻辑变量及运算数据的单元。存储器的类型有可读/写操作的随机存储器（用户存储器）RAM 和只读存储器（系统存储器）ROM。

（3）输入/输出接口（I/O）　输入/输出是 PLC 与工业现场各类控制信号连接的部件。PLC 通过输入接口把工业现场的状态信息读入，再通过用户程序的运算与操作，对输入信号进行滤波、隔离、转换等，最后把输入信号的逻辑值准确、可靠地传入 PLC 内部。

PLC 通过输出接口，把经过中央处理单元处理过的数字信号，转换成被控制设备或显示装置能接收的电压或电流信号，从而驱动接触器、电磁阀等器件。

（4）电源　电源部件是把交流电转换成直流电的装置，它向 PLC 提供所需要的高质量直流电源。可编程序控制器的电源包括各工作单元供电的开关稳压电源和掉电保护电源（一般为电池）。多数 PLC 还向外提供 DC24V 稳压电源，用于对外部器件供电。

（5）编程器　编程器是用户进行程序编写、输入、调试的一种设备，还可用来在线监视 PLC 的工作状态，它是开发、应用、维护 PLC 不可缺少的单元。

6.3.2　可编程序控制器的优点

PLC 是将继电接触器控制系统的硬连线逻辑转变为计算机的软逻辑编程，其内部有众多的继电器，如输入继电器、输出继电器、辅助继电器、定时器、计数器、数据寄存器、状态继电器等，能自动实现逻辑控制、顺序操作、定时、计数及算术运算，通过编制的用户程序，控制生产设备或生产过程。概括起来有以下特点。

（1）可靠性高，抗干扰能力强　由于可编程序控制器在软件和硬件上都采用了很多抗干扰的措施，如内部采用屏蔽、优化的开关电源、光耦合隔离、滤波、自诊断故障等功能；采用了如存储器、触发器等软继电器，在状态转换过程中均为无触点开关，极大地增加了控制系统整体的可靠性。

（2）通用性强，使用方便　PLC 的产品都已系列化和模块化，可由各种组件灵活组合成不同的控制系统，以满足控制要求。用户不再需要自己设计和制作硬件装置，只是程序设计而已。同一台 PLC 只要改变软件即可实现对不同对象的控制。

（3）程序设计简单，容易理解和掌握　PLC 是一种新型的工业自动化控制装置，它的基本指令不多，常采取与传统的继电器控制原理图相似的梯形图语言，编程器的使用简便；对程序进行增减、修改和运行监视很方便。工程人员学习、使用这种编程语言十分方便，因此对编制程序的步骤和方法，容易理解和掌握。

（4）系统设计周期短　PLC 在许多方面是以软件编程来取代硬件接线，系统硬件的设计任务仅仅是依据对象的要求配置适当的模块，目前的 PLC 硬件软件较齐全，为模块化积木式结构，大大缩短了整个设计所花费的时间，用 PLC 构成的控制系统比较简单，程序调试修改也很简单方便。

（5）体积小、重量轻　PLC 的各个部件，包括 CPU、电源、I/O 等均采用模块化设计，模块化结构使系统组合灵活方便，系统的功能和规模可根据用户的实际需求自行组合。PLC 一般不需要专门的机房，可以在各种工业环境下直接运行。而且自诊断能力强，能判断和显示出自身故障，使操作人员检查判断故障方便迅速，维修时只需更换插入式模块，维护方便。PLC 本身故障率很低，修改程序和监视运行状态容易，安装使用也方便。

（6）适应性强　对生产工艺改变适应性强，可进行柔性生产。当生产工艺发生变化时，只需改变 PLC 中的程序即可。

6.3.3　可编程序控制器的选用

（1）根据 PLC 的输出方式　PLC 的输出方式分为继电器输出、晶体管输出和晶闸管输出三种形式。

① 继电器输出方式　可以接交、直流负载，但受继电器触点开关速度的限制，只能满足一般控制要求。如接触器的线圈、电磁阀等。

② 晶体管输出方式　只能接直流负载，开关速度高，适合高速控制的场合，如数码显示、输出脉冲信号控制的步进电动机等。

③ 晶闸管输出　只能接交流负载，开关速度较高，适合高速控制的场合。

（2）根据 PLC 的输入/输出点数选择

① 超小型 PLC　输入/输出点数在 64 点以下为超小型，输入/输出的信号是开关量信

号，以逻辑运算为主，并有计时和计数功能。用户程序容量通常为 1～2KB。适应单机及小型自动控制的需要。

② 小型 PLC　输入/输出点数小于 256 点，其输入/输出点数在 64～256 之间，用户程序存储器容量在 2～4KB。除了开关量 I/O 以外，还有模拟量功能模块。它能执行包括逻辑运算、计时、计数、算术运算、数据处理和传送、通信联网以及各种应用指令。

③ 中型 PLC　中型 PLC 的输入/输出点数在 256～512 点之间，兼有开关量和模拟量输入输出，用户程序存储器容量一般为 2～8KB。它的控制功能和通信联网功能更强，指令系统更丰富，扫描速度更快，内存容量更大等。一般采用模块式结构形式。

④ 大型 PLC　大型 PLC 的输入/输出点数在 512～8192 之间，用户程序存储器容量达 8～64KB。控制功能更完善，自诊断功能强，通信联网功能强，有各种通信联网的模块，实现全厂生产管理自动化控制。

⑤ 超大型 PLC　超大型 PLC 的输入/输出点数在 8192 以上，用户程序器容量大于 64KB。目前已有 I/O 点数达 14336 点的超大型 PLC，使用 32 位微处理器，多 CPL 并行工作和大容量存储器，功能很强大，采用模块式结构。

目前，世界上生产 PLC 的厂家有 20 多个，如美国的 AB 公司、通用电气（GE）公司、莫迪康（MODICON）公司；日本的三菱（MITSUBISHI）公司、富士（FUJI）公司、欧姆龙（OMRON）公司、松下电工公司等；德国的西门子（SIEMENS）公司；法国的 TE 公司、施耐德（SCHNEIDER）公司；韩国的三星（SAMSUNG）公司、LG 公司等。

三菱公司的产品有 F_1、F_2、FX_2、FX_{2N}、FX_{2NC} 等系列；西门子公司的产品有 S7-200 系列、S7-300 系列和 S7-400 系列。

思考与练习题

一、判断题（将答案写在题后的括号内，正确的打"√"，错误的打"×"）

1. 按工作电压的不同，电器可分为高压电器和低压电器两大类。（　　）

2. 低压电器是指工作在额定电压交流 1500V 以下、直流 1200V 及以下电路中起通断、控制、保护或调节作用的电器。（　　）

3. 低压电器按用途分类可分为手动电器和自动电器。（　　）

4. 漏电距离是指电器中具有电位差的相邻两导电体间沿绝缘体表面的最短距离。（　　）

5. 三相交流鼠笼式异步电动机具有较大的启动转矩、较宽的调试范围和较强的过载能力。所以常用于启动性能或调速要求较高的场合。（　　）

6. 三相异步电动机转子绕组中的电流是由电磁感应产生的。（　　）

7. 电磁铁是利用铁芯线圈产生的电磁吸力来操纵机械装置，用来完成预期动作的一种电器。（　　）

8. 在电磁机构的组成中，线圈和静铁芯是不动的，只有衔铁是可动的。（　　）

9. 万能转换开关本身带有各种保护。（　　）

10. 在本质上，中间继电器不属于电压继电器。（　　）

11. 熔断器的保护特性是反时限的。（　　）

12. 熔断器在电动机电路中既能实现短路保护，又能实现过载保护。（　　）

13. 电动机的额定功率实际上是电动机长期运行时允许输出的机械功率。（　　）

14. 直流接触器比交流接触器更适用于频繁操作的场合。（　　）

15. 交流接触器铁芯端面嵌有短路铜环的目的是保证动、静铁芯吸合严密，不发生振动与噪声。（　　）

16. 接触器不具有欠压保护的功能。（　　）

17. 热继电器的额定电流就是其触点的额定电流。（　　）

18. 低压断路器只有失压保护的功能。（　　）

19. 硅钢片磁导率高、铁损耗小，适用于交流电磁系统。（　　）

20. 交流接触器通电后如果铁芯吸合受阻，将导致线圈烧毁。（　　）

21. 电动机在运行时，由于导线存在一定电阻，电流通过绕组时，要消耗一部分能量，这部分损耗叫做铁损。（　　）

22. 固态继电器是一种无触点的继电器。（　　）

23. 时间继电器按延时方式可分为通电延时型和断电延时型两种。（　　）

24. 速度继电器又称反接制动继电器，主要用于绕线式异步电动机反接制动控制电路中，当反接制动下的电动机转速下降到规定值时，自动切断电源，防止电动机反转。（　　）

25. 温度继电器可分为两种类型：即双金属片式和热敏电阻式温度继电器。（　　）

26. 使用压力继电器时，可以将压力继电器安装在回油路上。（　　）

27. 压力继电器是一种将压力的变化转换成电信号的液压器件，又称压力开关。（　　）

28. 软启动器实际上是一个调压器，只改变输出电压，不改变电源频率。（　　）

29. 变频器是一种将交流电压的频率和幅值进行变换的智能电器，是最理想的调速控制设备。同时具有显著的节能作用。（　　）

30. PLC 是在传统的继电器控制原理的基础上，以微处理器为基础，综合了计算机技术、自动控制技术和通信技术而发展起来的一种新型智能工业控制器。（　　）

二、选择题（只有一个正确答案，将正确答案填在括号内）。

1. 既属于手动控制电器，又属于保护电器的是（　　）。

A. 控制按钮　　　　B. 接触器　　　　　C. 空气开关　　　　　D. 行程开关

2. 制动电磁铁由衔铁、线圈、铁芯、牵引杆等组成，其文字符号是（　　）。

A. YA　　　　　B. YB　　　　　C. YC　　　　　D. YV

3. CJ10-40 型交流接触器在 380V 时的额定电流为（　　）。

A. 40A　　　　　B. 10A　　　　　C. 30A　　　　　D. 50A

4. 熔断器的额定电流与熔体的额定电流（　　　）。

　　A. 相同　　　　　　B. 不相同　　　　　　C. 基本相同　　　　　　D. 无法确定

5. 组合开关结构紧凑，操作方便，广泛用于机床电路和成套设备中，主要用作电源的引入开关。具有（　　　）作用。

　　A. 短路保护　　　　B. 失压保护　　　　　C. 接通和分断小电流　　　D. 过载保护

6. 交流接触器的电磁系统由动、静铁芯、线圈和反作用弹簧组成。铁芯用 E 形硅钢片叠压铆成，其目的是（　　　）。

　　A. 减小振动　　　　B. 减小磁通量　　　　C. 减小涡流及磁滞损耗　　D. 增大接触面

7. 电压继电器的线圈与电流继电器的线圈相比，具有的特点是（　　　）。

　　A. 电压继电器的线圈与被测电路串联

　　B. 电压继电器的线圈匝数多、导线细、电阻大

　　C. 电压继电器的线圈匝数少、导线粗、电阻小

　　D. 电压继电器的线圈匝数少、导线粗、电阻大

8. 在延时精度要求不高、电源电压波动较大的场合，应选用（　　　）。

　　A. 空气阻尼式时间继电器　　　　　　　B. 晶体管式时间继电器

　　C. 电动式时间继电器　　　　　　　　　D. 上述三种都不合适

9. 通电延时型时间继电器的动作情况是（　　　）。

　　A. 线圈通电时触点延时动作，断电时触点瞬时动作

　　B. 线圈通电时触点瞬时动作，断电时触点延时动作

　　C. 线圈通电时触点不动作，断电时触点瞬时动作

　　D. 线圈通电时触点不动作，断电时触点延时动作

10. 下列电器中不能实现短路保护的是（　　　）。

　　A. 熔断器　　　　　B. 热继电器　　　　　C. 过电流继电器　　　　D. 低压断路器

11. 用交流电压表测得交流电压的数值是（　　　）。

　　A. 平均值　　　　　B. 有效值　　　　　　C. 最大值　　　　　　　D. 瞬时值

12. 对于单台直接启动的电动机，熔体额定电流 I_{ue} 大于电动机额定电流 I_{ed} 的（　　　）倍。

　　A. 1.5～2.5　　　　B. 1～1.5　　　　　　C. 2～2.5　　　　　　　D. 1～2.5

13. 对于电动机负载长期大于（　　　）的场合，使用软启动器时，应采用带旁路接触器的接线方式。

　　A. 80%　　　　　　B. 60%　　　　　　　C. 50%　　　　　　　　D. 40%

14. 选用变频器时，通常应使变频器的额定输出电流大于（　　　）倍电动机的额定电流（铭牌值）或电动机实际运行中的最大电流。

　　A. 0.95～1.05　　B. 1.05～1.1　　　　C. 1.05～1.5　　　　　D. 1.5～2.5

15. 大型 PLC 的输入/输出点数在（　　　）之间，用户程序存储器容量达 8～64KB。

　　A. 64～256　　　　B. 256～512　　　　C. 512～8192　　　　　D. 8192 以上

三、简答题

1. 电器及低压电器的概念各是什么？低压电器分为哪几类？

2. 接触器的结构及工作原理各是什么？

3. 空气阻尼式时间继电器的结构及工作原理各是什么？

4. 低压断路器的结构及工作原理各是什么？

5. 空气开关有哪些脱扣装置？各起什么作用？

6. 接触器和继电器区别是什么？

7. 交流接触器静铁芯上的短路环起什么作用？若短路环断裂或脱落，会出现什么现象？为什么？

8. 软启动器的接线方式有几种？分别有哪些优点？

9. 变频器的基本结构由几部分组成？怎样选择变频器？

10. 可编程序控制器有哪些优点？

模块二　低压电器的应用

项目 7　三相异步电动机单向旋转电路

【本项目目标】

① 熟悉点动控制电路、单向控制电路的工作原理。
② 按照电路图完成线路的安装。
③ 掌握电路的检查方法和通电试车的安全操作要求。
④ 能分析和处理电路故障。

7.1 控制电路

7.1.1 刀开关控制的单向启动电路

如图 7-1 所示为刀开关 QS 控制的单向启动电路，熔断器 FU 用于短路保护。

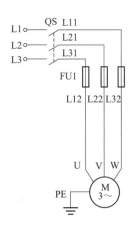

图 7-1　刀开关控制的单向启动电路

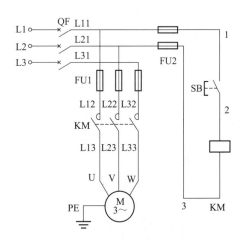

图 7-2　单向点动控制电路的原理图

7.1.2 接触器控制的单向启动电路

（1）点动控制电路　电动机的点动控制就是按下启动按钮时，电动机启动旋转；当松开启动按钮后电动机就停止转动。生产机械在进行试车和调整时经常要求点动控制，由于是短时工作，电路中不设热继电器。图 7-2 所示为电动机单向点动控制电路原理图。

电路的工作原理是：合上空气开关 QF，按下启动按钮 SB，接触器 KM 线圈通电吸合，其主触点闭合，电动机 M 接通三相电源启动。当松开按钮 SB，接触器 KM 线圈断电，其主触点断开，电动机 M 停止旋转。

（2）单向全压启动控制电路　电动机单向全压启动是最简单的启动方式，图 7-3 所示，为单向全压启动控制电路图。其工作原理是：合上空气开关 QF，按下启动按钮 SB2，接触器 KM 线圈通电吸合，其主触点闭合，电动机接通三相电源启动。同时，与启动按钮 SB2 并联的 KM 的动合辅助触点（3—4）闭合，当松开 SB2 时，KM 线圈仍通过自身动合辅助触点继续保持通电，从而使电动机能够连续运转。这种依靠接触器自身动合辅助触点保持线圈通电的电路，称为自锁电路，而该动合辅助触点 KM（3—4）称为自锁触点。

当电动机需要停止时，按下停止按钮 SB1，接触器 KM 线圈断电，接触器 KM 主触点、动合辅助触点都断开，切断主电路和控制电路，电动机停止运转。

该电路中设置的保护环节有以下几种。

① 短路保护　熔断器 FU1、FU2 分别对主电路和控制电路进行短路保护。

② 过载保护　热继电器 FR 对电动机实现过载保护。当电动机出现过载时（经过一段时间后），串联在主电路中的继电器 FR 的双金属片因过热变形，致使继电器 FR 的动断触点（1—2）断开，切断接触器 KM 的线圈回路，电动机停止运转。

③ 欠压和失压保护　接触器 KM 对电路实现欠压和失压保护。当电源电压由于某些原因降低或突变为零，接触器电磁吸力急剧下降或消失，衔铁释放，其主触点和动合辅助触点断开，电动机停止运转；而当电源电压恢复正常时，电动机不会自行启动，避免事故的发生。因此，具有自锁的控制电路中应具有欠压和失压保护。

7.2　电器选择与安装

7.2.1　电器选择

（1）按电气原理图 7-3 及电动机容量的大小选择电器元件，即空气开关、熔断器、交流接触器、热继电器、控制按钮、电动机等。

（2）将所用电器的型号与规格、单位及数量填入表 7-1 的实训记录明细表中。

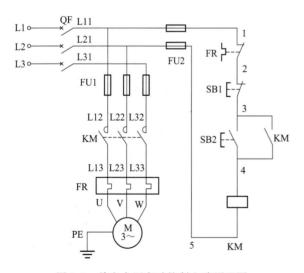

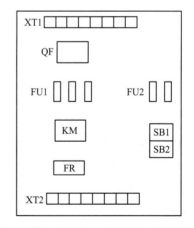

图 7-3　单向全压启动控制电路原理图　　　　图 7-4　单向全压启动控制电路元件布置图

7.2.2　电器安装

（1）按电器元件布置图 7-4 所示，布置并固定电器元件。

（2）用万用表检查安装后的器件，确保各种电器完好。

表 7-1　单向全压启动控制电路元件明细

序号	元件名称	型号与规格	单位	数量

7.3　布线要求与线路检查

7.3.1　布线要求

为确保接线正确、接触可靠和操作规范，保证线路的正常工作，提出以下要求。

（1）确定布线方式，选择槽板布线或控制板面布线。

（2）根据负载的大小、主电路和控制回路不同，选择导线的规格型号。

（3）先做主电路配线，后对控制电路进行配线。

（4）配线做到横平竖直、交叉少、转弯成直角、成束的导线用扎线带固定、导线端部套有标注线号的套管、与接线端子相连接的导线头弯成羊眼圈等。

（5）每个接线端子原则上不应超过两根导线。

（6）接点压接工艺正确，不能有毛刺、反圈、裸铜过长和压接松动。

（7）控制电路依据现场线路敷设要求，从控制按钮盒进出 3 根导线最为合理。

7.3.2　线路检查

（1）主电路的检查

① 在断电状态下，选择万用表合理的欧姆挡进行电阻测量法检查。

② 为消除负载、控制电路对测量结果影响，断开负载，并取下熔断器 FU2 的熔体。

③ 检查各相间是否断开，将万用表的两支表笔分别接 L11～L21、L21～L31 和 L11～L31 端子进行检查，应测得断路。

④ 检查 FU1 及接线。

⑤ 检查接触器 KM 主触头及接线，如接触器带有灭弧罩，需拆卸灭弧罩。

⑥ 检查热继电器 FR 的热元件及接线。

⑦ 检查电动机及接线，两只表笔分别接 U～V、U～W 和 V～W 端子，均应测得相等的电动机绕组的直流电阻值。

（2）控制电路的检查

① 选择万用表合理的欧姆挡（数字式一般为 2kΩ 挡）进行电阻测量法检查。

② 断开熔断器 FU2，将万用表表笔接在 1、5 接点上，此时万用表读数应为无穷大。

③ 启动电路检查：按下按钮 SB2↓→应显示 KM 线圈电阻值→再按下 SB1→万用表应显示无穷大（∞）→说明线路由通到断，停车控制线路正常。

④ 自锁电路检查：按下 KM 主触点↓→应显示 KM 线圈电阻值→说明 KM1 自锁电路

正常→再按下 SB1→万用表应显示无穷大（∞）。

7.4　通电安全操作要求

（1）通电试车过程中，必须保证学生的人身和设备的安全，在教师的指导下规范操作，学生不得私自通电。

（2）在确认电器元件、接线、负载和电源无误后，清理实训工作台上的杂物，告知周围的学生准备试车，在教师的监督下通电。

（3）熟悉操作过程。

按下启动按钮 SB2，观察电动机的旋转是否正常；如出现异常情况应及时切断电源，然后再进行线路检查。

（4）试车结束后，应先切断电源，再拆除接线及负载。

7.5　常见故障的分析与处理

7.5.1　故障现象

按下启动按钮，电动机发出嗡嗡声，不能正常启动。

7.5.2　故障分析

这是电动机缺一相造成的。可能的原因有：电源进线熔断器一相熔断，或接触器 KM 的一对常开主触点接触不良，或电动机三根引出线有一根断线，或电动机有一相绕组损坏。

7.5.3　故障处理

更换熔断器或交流接触器，修复或更换故障电动机。

项目 8 三相异步电动机电气互锁控制电路

【本项目目标】

① 熟悉电气互锁控制电路的工作原理。
② 按照电路图完成线路的安装。
③ 掌握可逆控制电路的检查方法和通电试车的安全操作要求。
④ 能分析和处理电路故障。

8.1 控制电路

在实际生产中，经常要求电动机能够实现正、反两个方向的转动。为此，只要将电动机三相电源进线中任意两相对调，改变旋转磁场的方向，就可改变电动机的转动方向。因此需要两个接触器。图 8-1 为可逆控制电路原理图（电气互锁）。

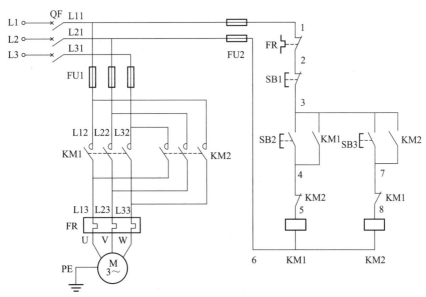

图 8-1 可逆控制电路原理图（电气互锁）

8.1.1 正向启动

正向启动时，合上空气开关 QF，按下正向启动按钮 SB2，接触器 KM1 线圈通电吸合，其主触点闭合，接通三相电源使电动机启动。同时，与启动按钮 SB2 并联的 KM1 的动合辅助触点（3—4）闭合，形成自锁，与接触器 KM2 线圈串联的 KM1 动断辅助触点（7—8）断开，这样，即使发生错误操作按下反转按钮 SB3 时，接触器 KM2 的线圈也不会通电工作，实现了对 KM2 的互锁。

当需要停止电动机时，按下停止按钮 SB1，接触器 KM1 线圈断电，接触器 KM1 主触点、动合辅助触点都断开，切断主电路和控制电路，电动机停止运转。同时，动断辅助触点（7—8）复位，为电动机反向启动做好准备。

8.1.2　反向启动

反向启动时，按下正向启动按钮 SB3，接触器 KM2 线圈通电吸合，其主触点闭合，接通三相电源使电动机启动。同时，与启动按钮 SB3 并联的 KM2 的动合辅助触点（3—7）闭合，形成自锁，与接触器 KM1 线圈串联的 KM2 动断辅助触点（4—5）断开，这样，即使发生错误操作按下正转按钮 SB2 时，接触器 KM1 的线圈也不会通电工作，实现了对 KM1 的互锁。

当需要停止电动机时，按下停止按钮 SB1，接触器 KM2 线圈断电，接触器 KM2 主触点、动合辅助触点都断开，切断主电路和控制电路，电动机停止运转。同时，动断辅助触点（4—5）复位，为电动机正向启动做好准备。

特别要注意：在可逆控制线路中两个接触器不能同时通电工作，否则将造成主电路相间短路，故该线路采用了接触器 KM1、KM2 的动断辅助触点构成的电气互锁，因此这个电路称为电气互锁的可逆控制线路，又称为正-停-反控制电路。

8.2　电器选择与安装

8.2.1　电器选择

（1）按电气原理图 8-1 及电动机容量的大小选择电器元件。

（2）将所用电器的型号与规格、单位及数量填入表 8-1 的实训记录明细表中。

8.2.2　电器安装

（1）按电器元件布置图 8-2 所示，布置并固定电器元件。

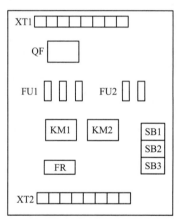

图 8-2　可逆控制电路电器元件布置图

（2）用万用表检查安装后的器件，确保各种电器完好。

表 8-1　可逆控制电路（电气互锁）电器元件明细

序号	元件名称	型号与规格	单位	数量

8.3 布线要求与线路检查

8.3.1 布线要求

（1）确定布线方式，选择槽板布线或控制板面布线。

（2）根据负载的大小、主电路和控制回路不同，选择导线的规格型号。

（3）先做主电路配线，后对控制电路进行配线。

（4）配线做到横平竖直、交叉少、转弯成直角、成束的导线用扎线带固定、导线端部套有标注线号的套管、与接线端子相连接的导线头弯成羊眼圈等。

（5）每个接线端子原则上不应超过两根导线。

（6）接点压接工艺正确，不能有毛刺、反圈、裸铜过长和压接松动。

（7）该控制电路依据现场线路敷设要求，从控制按钮盒进出 4 根线最为合理。

8.3.2 线路检查

（1）主电路的检查

① 在断电状态下，选择万用表合理的欧姆挡（数字式一般为 200Ω 挡）进行电阻测量法检查。

② 为消除负载、控制电路对测量结果影响，断开负载，并取下熔断器 FU2 的熔体。

③ 检查各相间是否断开，将万用表的两支表笔分别接 L11~L21、L21~L31 和 L11~L31 端子，应测得断路。

④ 检查 FU1 及接线。

⑤ 检查接触器 KM1、KM2 主触头及接线，如接触器带有灭弧罩，需拆卸灭弧罩。

⑥ 检查热继电器 FR 的热元件及接线。

⑦ 检查电动机及接线，均应测得相等的电动机绕组的直流电阻值。

（2）控制电路的检查

① 选择万用表合理的欧姆挡（数字式一般为 $2k\Omega$ 挡）进行电阻测量法检查。

② 断开熔断器 FU2，将万用表表笔接在 1、6 接点上，此时万用表读数应为无穷大。

③ 正转电路启动检查：按下按钮 SB2↓→应显示 KM1 线圈电阻值→再按下 SB1↓→万用表应显示无穷大（∞）→说明线路由通到断。这是检查正转启动和停车控制。

用同样的方法可以检查反转启动与停车控制线路。

④ 正转自锁电路检查：按下 KM1 主触点↓→应显示 KM1 线圈电阻值→说明 KM1 自锁电路正常→再按下 SB1→万用表应显示无穷大（∞）。

用同样的方法检测 KM2 线圈的自锁电路。

⑤ 电气互锁电路检查：按下 KM1 主触点↓→应显示 KM1 线圈电阻值→再按下 KM2 主触点↓→万用表应显示无穷大（∞）→说明 KM1 互锁电路正常。

用同样的方法检测 KM2 线圈的互锁电路。

8.4 通电安全操作要求

（1）通电试车过程中，必须保证学生的人身和设备的安全，在教师的指导下规范操作，学生不得私自通电。

（2）在确认电器元件、接线、负载和电源无误后，清理实训工作台上的杂物，告知周围的学生准备试车，在教师的监督下通电。

（3）熟悉操作过程。正转→停、反转→停，观察电动机的旋转是否正常，如出现异常情况应及时切断电源，然后再进行线路检查。

（4）试车结束后，应先切断电源，再拆除接线及负载。

8.5　常见故障的分析与处理

8.5.1　故障现象

故障现象一：当进行正、反操作时，主电路出现短路。

故障现象二：按下 SB2，接触器 KM1 剧烈振动，主触点严重起弧，电动机时转时停。按下 SB3 时 KM2 的现象与 KM1 相同。

8.5.2　故障分析

（1）故障现象一分析：操作时主电路出现相间短路，说明控制电路中互锁电路出现故障，致使两个接触器同时通电造成的。可能的原因是将 KM1 和 KM2 的自锁触点的下端引线错接到了电气互锁触点 KM2 和 KM1 的下端，如图 8-3（a）所示。这样，当 KM1（或 KM2）的线圈在通电时，按下按钮 SB3（或 SB2），在特殊情况下，两个接触器同时通电造成主电路出现相间短路。

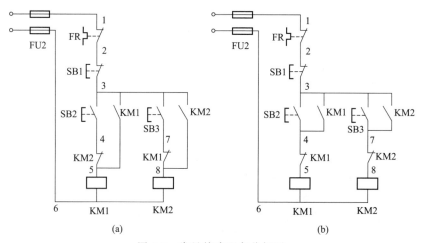

(a)　　　　　　　　　　　(b)

图 8-3　常见故障现象分析图

（2）故障现象二分析：原因之一是将 KM1 的动断互锁触点接入 KM1 的线圈回路，将 KM2 的动断互锁触点接入 KM2 的线圈回路，如图 8-3（b）所示。这样当按下任意一个启动按钮时，接触器通电动作后，动断触点断开，切断自身线圈电路，造成线圈断电，触点复位，再次让线圈通电动作，接触器将不断地接通、断开，从而产生振动。

8.5.3　故障处理

按照原理图检查接线，找出接错的线并改正。

项目 9　三相异步电动机双重互锁控制电路

【本项目目标】

① 熟悉双重互锁控制电路的工作原理。
② 按照电路图完成线路的安装。
③ 掌握双重互锁电路的检查方法和通电试车的安全操作要求。
④ 能分析和处理电路故障。

9.1　控制电路

在项目 8 中，电动机由正转变反转或由反转变正转的操作中，必须先停电动机，再进行反向或正向启动的控制，这样不便于操作。为克服这一缺点，需采用电气、按钮双重互锁的正反转控制电路，如图 9-1 所示。它是在图 8-1 所示控制电路的基础上，采用复合按钮，用启动按钮的动断触点构成按钮互锁，形成具有电气、机械双重互锁的正反转控制电路。该电路既可以实现正-停止-反控制，又可以实现正-反-停控制。

9.1.1　正转→反转的变换

如图 9-1 所示，合上空气开关 QF，按下正转启动按钮 SB2，接触器 KM1 线圈通电吸合并自锁，其主触点闭合，电动机接通三相电源正转启动运转。再按下反转启动按钮 SB3，此时 SB3 的动断触头（3—4）先行断开，使接触器 KM1 线圈断电，其主触点断开，电动机正向电源切断而停止。当 SB3 的动合触头（8—9）闭合后，接触器 KM2 线圈通电吸合并自锁，其主触点闭合，接通反向电源，电动机进入反转状态。实现电动机由正转→反转变换。

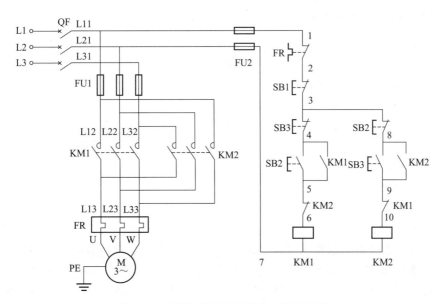

图 9-1　可逆控制电路原理图（双重互锁）

9.1.2　反转→正转的变换

在电动机进行反转运行时，按下正转启动按钮 SB2，此时 SB2 的动断触头（3—8）先行断开，使接触器 KM2 线圈断电，其主触点断开，电动机反向电源切断而停止。当 SB2 的动合触头（4—5）闭合后，接触器 KM1 线圈通电吸合并自锁，其主触点闭合，电动机接通正转电源启动运转。从而实现了电动机由正转→反转，反转→正转的自由转换。

由于该电路采用了机械互锁和电气互锁，使电路更加安全、可靠。因此，在电力拖动控制系统中广泛应用。

9.2　电器选择与安装

9.2.1　电器选择

（1）按电气原理图 9-1 及电动机容量的大小选择电器元件。

（2）将所用电器的型号与规格、单位及数量填入表 9-1 的实训记录明细表中。

9.2.2　电器安装

（1）可按图 8-2 所示，进行电器元件的布置，并固定好电器元件。

（2）用万用表检查安装后的器件，确保各种电器完好。

表 9-1　可逆控制电路（双重互锁）电器元件明细

序号	元件名称	型号与规格	单位	数量

9.3　布线要求与线路检查

9.3.1　布线要求

（1）确定布线方式，选择槽板布线或控制板面布线。

（2）根据负载的大小、主电路和控制回路不同，选择导线的规格型号。

（3）每个接线端子原则上不应超过两根导线。

（4）接点压接工艺正确，不能有毛刺、反圈、裸铜过长和压接松动。

（5）该控制电路依据现场线路敷设要求，从控制按钮盒进出 5 根线最为合理。

9.3.2　线路检查

（1）主电路的检查

主电路的检查与电气互锁电路的检查方法相同。

（2）控制电路的检查

① 选择万用表合理的欧姆挡（数字式一般为 2kΩ 挡）进行电阻测量法检查。

② 断开熔断器 FU2，将万用表表笔接在 1、7 接点上，此时万用表读数应为无穷大。

③ 正转电路启动检查：按下按钮 SB2↓→应显示 KM1 线圈电阻值→再按下 SB1→万用表应显示无穷大（∞）→说明线路由通到断。

④ 正转自锁电路检查：按下 KM1 主触点 ↓ →应显示 KM1 线圈电阻值→说明 KM1 自锁电路正常→再按下 SB1→万用表应显示无穷大（∞）。

⑤ 电气互锁电路检查：与可逆控制线路（电气互锁）的检查方法相同。

⑥ 机械互锁电路检查：按下按钮 SB2 ↓ →应显示 KM1 线圈电阻值→再按下 SB3→万用表应显示无穷大（∞）→说明 SB3 的互锁电路正常。

反转电路的启动、自锁、互锁检查由读者自己分析总结并完成。

9.4　通电安全操作要求

（1）通电试车过程中，必须保证学生的人身和设备的安全，在教师的指导下规范操作，学生不得私自通电。

（2）在确认电器元件、接线、负载和电源无误后，清理实训工作台上的杂物，告知周围的学生准备试车，在教师的监督下通电。

（3）熟悉操作过程。

① 正转→停、反转→停，观察电动机的旋转是否正常。

② 正转→反转→停、反转→正转→停，观察电动机能否实现正反转互换，如出现异常情况应及时切断电源，然后再进行线路检查。操作按钮时应注意，按钮要按到位。

（4）试车结束后，应先切断电源，再拆除接线及负载。

9.5　常见故障的分析与处理

9.5.1　故障现象

从正转→反转正常，而反转→正转不能实现。

9.5.2　故障分析

原因之一是 SB2 的动断触点不能断开；或者接触器 KM2 的动合触点的接线绕过了 SB2，接到了 SB2 的上端，如图 9-2 所示，这样当按下 SB2 时，接触器 KM2 的线圈不能断电，其动合触点没有复位，接触器 KM1 的线圈也不能通电。

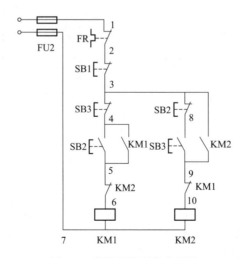

图 9-2　常见故障现象分析图

9.5.3　故障处理

检查 SB2 的动断触点能否断开或者 KM2 的动合触点的接线是否正确，并进行处理。

项目 10   三相异步电动机单向异地控制电路

【本项目目标】

① 熟悉单向异地控制电路的工作原理。
② 按照电路图完成线路的安装。
③ 掌握异地控制电路的检查方法和通电试车的安全操作要求。
④ 能分析和处理电路故障。

10.1   控制电路

某些生产设备，为了操作安全、方便，经常采用异地控制。要实现多地点控制，就应该有多组按钮，多组按钮的一般连接原则是：常开按钮要并联，常闭按钮要串联。图 10-1 所示为单向异地带点动控制电路的工作原理图。其中 SB1、SB2、SB3 是甲地控制按钮，SB4、SB5、SB6 是乙地控制按钮。

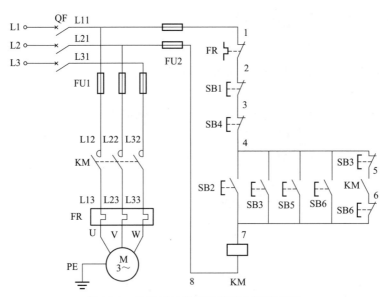

图 10-1   单向异地带点动控制电路原理图

10.1.1   异地启动

启动时，合上空气开关 QF，按下启动按钮 SB2（或 SB5），接触器 KM 线圈通电吸合，其主触点闭合，电动机接通三相电源启动。同时，KM 的动合辅助触点（5—6）闭合而自锁。停止时，按下停止按钮 SB1（或 SB4），接触器 KM 线圈断电，其主触点和动合辅助触点均断开，电动机 M 停止旋转。

10.1.2   异地点动

点动时，按下点动按钮 SB3（或 SB6），接触器 KM 线圈通电吸合，其主触点闭合，电动机接通三相电源启动。此时，虽然 KM 的动合辅助触点（5—6）闭合，但与 KM 的辅助触点串联的 SB3（或 SB6）的动断触点（4—5）（或 6—7）断开，因此不会形成自锁电路，当松开 SB3（或 SB6）时，KM 线圈失电，其主触点断开，电动机 M 停止运转。

10.2　电器选择与安装

10.2.1　电器选择

（1）按电气原理图 10-1 及电动机容量的大小选择电器元件。

（2）将所用电器的型号与规格、单位及数量填入表 10-1 的实训记录明细表中。

10.2.2　电器安装

（1）可按图 10-2 所示，进行电器元件的布置，并固定好电器元件。

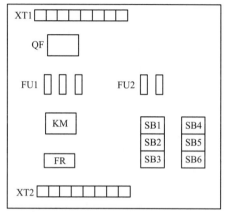

图 10-2　单向异地带点动控制电路电器元件布置图

（2）用万用表检查安装后的器件，确保各种电器完好。

表 10-1　单向两地带点动控制电路电器元件明细

序号	元件名称	型号与规格	单位	数量

10.3　布线要求与线路检查

10.3.1　布线要求

（1）确定布线方式，选择槽板布线或控制板面布线。

（2）根据负载的大小、主电路和控制回路不同，选择导线的规格型号。

（3）每个接线端子原则上不应超过两根导线。

（4）接点压接工艺正确，不能有毛刺、反圈、裸铜过长和压接松动。

（5）该控制电路依据现场线路敷设要求，从每个控制按钮盒进出，甲地 5 根线，乙地 4 根线，接线更为合理。

10.3.2　线路检查

（1）主电路的检查

① 在断电状态下，选择万用表合理的欧姆挡进行电阻测量法检查。

② 为消除负载、控制电路对测量结果影响，断开负载，并取下熔断器 FU2 的熔体。

③ 检查各相间是否断开，将万用表的两支表笔分别接 L11～L21、L21～L31 和 L11～L31 端子进行检查，应测得断路。

④ 检查 FU1 及接线。

⑤ 检查接触器 KM 主触头及接线，如接触器带有灭弧罩，需拆卸灭弧罩。

⑥ 检查热继电器 FR 的热元件及接线。

⑦ 检查电动机及接线，两只表笔分别接 U～V、U～W 和 V～W 端子，均应测得相等的电动机绕组的直流电阻值。

（2）控制电路的检查

① 选择万用表合理的欧姆挡（数字式一般为 2kΩ 挡）进行电阻测量法检查。

② 断开熔断器 FU2，将万用表表笔接在 1、8 接点上，此时万用表读数应为无穷大。

③ 甲地电路启动检查：按下按钮 SB2↓→应显示 KM 线圈电阻值→再按下 SB1→万用表应显示无穷大（∞）→说明线路由通到断。

④ 甲地自锁电路检查：按下 KM 主触点↓→应显示 KM 线圈电阻值→说明 KM 自锁电路正常→再按下 SB1→万用表应显示无穷大（∞）。

用同样的方法可以检查乙地自锁电路。

⑤ 甲地点动电路检查：按下 KM 主触点↓→应显示 KM 线圈电阻值→再按下 SB3→万用表应先显示无穷大（∞），再显示 KM 线圈电阻值→说明甲地点动电路正常。

用同样的方法可以检查乙地的启动电路和点动电路。

10.4　通电安全操作要求

（1）通电试车过程中，必须保证学生的人身和设备的安全，在教师的指导下规范操作，学生不得私自通电。

（2）在确认电器元件、接线、负载和电源无误后，清理实训工作台上的杂物，告知周围的学生准备试车，在教师的监督下通电。

（3）熟悉操作过程。

① 甲地启动→停，乙地启动→停，甲地、乙地点动，观察电动机的旋转是否正常；注意点动操作时，按钮要按到位。

② 甲地启动→乙地停，乙地启动→甲地停，观察电动机能否实现异地控制，如出现异常情况应及时切断电源，然后再进行线路检查。

（4）试车结束后，应先切断电源，再拆除接线及负载。

10.5　常见故障的分析与处理

10.5.1　故障现象

按下启动按钮或点动按钮电动机均不能启动。

10.5.2　故障分析

接触器不能正常通电或吸合。可能的原因是：熔断器 FU1、FU2 熔体熔断；或热继电器动断触点断开未复位；或接触器线圈损坏或引出线断线；或接触器触点被杂物卡住。

10.5.3　故障处理

检查熔断器的熔体和热继电器动断触点，以及接触器的线圈、接线和触点架等是否正常。更换、修复损坏的器件并正确接线。

项目 11　三相异步电动机双向异地控制电路

【本项目目标】

① 熟悉双向异地控制电路的工作原理。

② 按照电路图完成线路的安装。

③ 掌握异地控制电路的检查方法和通电试车的安全操作要求。

④ 能分析和处理电路故障。

11.1　控制电路

如图 11-1 所示，其中 SB1、SB2、SB3 是甲地控制按钮，SB4、SB5、SB6 是乙地控制按钮。工作原理与电气互锁可逆控制的工作原理完全相同。乙地控制原理与过程与甲地完全相同。由读者自己分析。

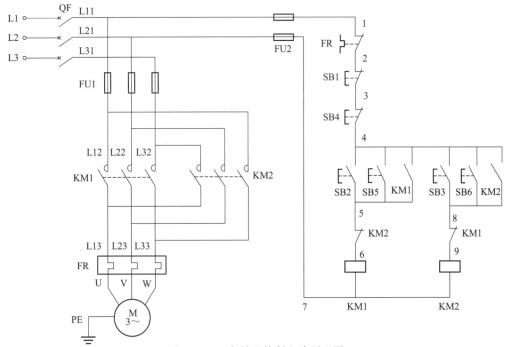

图 11-1　双向异地控制电路原理图

11.2　电器选择与安装

11.2.1　电器选择

（1）按电气原理图 11-1 及电动机容量的大小选择电器元件。

（2）将所用电器的型号与规格、单位及数量填入表 11-1 的实训记录明细表中。

11.2.2　电器安装

（1）可按图 11-2 所示，进行电器元件的布置，并固定好电器元件。

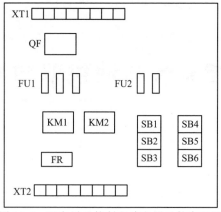

图 11-2　双向异地控制电路电器元件布置图

（2）用万用表检查安装后的器件，确保各种电器完好。

表 11-1　双向异地控制电路电器元件明细

序号	元件名称	型号与规格	单位	数量

11.3　布线要求与线路检查

11.3.1　布线要求

（1）确定布线方式，选择槽板布线或控制板面布线。

（2）根据负载的大小、主电路和控制回路不同，选择导线的规格型号。

（3）每个接线端子原则上不应超过两根导线。

（4）接点压接工艺正确，不能有毛刺、反圈、裸铜过长和压接松动。

（5）该控制电路依据现场线路敷设要求，从每个控制按钮盒进出，甲地 5 根线，乙地 4 根线，接线更为合理。

11.3.2　线路检查

（1）主电路的检查

① 在断电状态下，选择万用表合理的欧姆挡进行电阻测量法检查。

② 为消除负载、控制电路对测量结果影响，断开负载，并取下熔断器 FU2 的熔体。

③ 检查各相间是否断开，将万用表的两支表笔分别接 L11～L21、L21～L31 和 L11～L31 端子，应测得断路。

④ 检查 FU1 及接线。

⑤ 检查接触器 KM1、KM2 主触头及接线，如接触器带有灭弧罩，需拆卸灭弧罩。

⑥ 检查热继电器 FR 的热元件及接线。

⑦ 检查电动机及接线，均应测得相等的电动机绕组的直流电阻值。

（2）控制电路的检查

① 选择万用表合理的欧姆挡（数字式一般为 2kΩ 挡）进行电阻测量法检查。

② 断开熔断器 FU2，将万用表表笔接在 1、7 接点上，此时万用表读数应为无穷大。

③ 正转电路启动检查：按下按钮 SB2（或 SB5）↓→应显示 KM1 线圈电阻值→再按下 SB1（或 SB4）→万用表应显示无穷大（∞）→说明线路由通到断。

用同样的方法可以检查反转停车控制线路。

④ 自锁电路检查：按下 KM1 主触点↓→应显示 KM1 线圈电阻值→说明 KM1 自锁电路正常→再按下 SB1（或 SB4）→万用表应显示无穷大（∞）。

用同样的方法检测 KM2 线圈的自锁电路。

⑤ 电气互锁电路检查：与可逆控制电气互锁电路检查相同。

11.4 通电安全操作要求

（1）通电试车过程中，必须保证学生的人身和设备的安全，在教师的指导下规范操作，学生不得私自通电。

（2）在确认电器元件、接线、负载和电源无误后，清理实训工作台上的杂物，告知周围的学生准备试车，在教师的监督下通电。

（3）熟悉操作过程。

① 正转→停、反转→停，观察电动机的旋转是否正常；

② 正转→反转→停、反转→正转→停，观察电动机能否实现正反互换，如出现异常情况应及时切断电源，然后再进行线路检查。注意操作按钮时，要按到位。

（4）试车结束后，应先切断电源，再拆除接线及负载。

11.5 常见故障的分析与处理

11.5.1 故障现象

甲地电动机工作正常，乙地产生操作时主电路出现相间短路。

11.5.2 故障分析

甲地工作正常，说明甲地电路正常。可能的故障点是乙地启动按钮 SB5 和 SB6 下端引线接到了互锁触点的下端，绕过了互锁电路造成的。如图 11-3 所示。

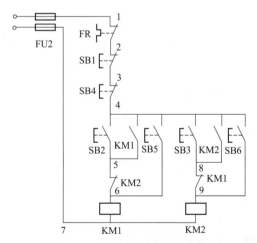

图 11-3 常见故障现象分析图

11.5.3 故障处理

认真按照原理图检查接线，找出错误并处理。

项目 12　三相异步电动机顺序控制电路

【本项目目标】

① 熟悉顺序控制电路的工作原理。

② 按照电路图完成线路的安装。

③ 掌握时间继电器使用方法、顺序控制电路的检查方法以及试车的安全操作要求。

④ 能分析和处理电路故障。

12.1　控制电路

在装有多台电动机的设备上，由于每台电动机所起的作用不同，因此，启动过程有先后顺序的要求。当需要某台电动机启动几秒钟后，另一台电动机方可启动。这样才能保证生产过程的安全，这种控制方式就是电动机的顺序控制。

12.1.1　按顺序工作时的联锁控制

某一控制系统要求电动机 M1 启动后，电动机 M2 才能启动。停止时，M2 停后，M1 才能停止。即实现"顺序启动，逆序停止"的控制电路。如图 12-1 所示，通过控制电路来实现上述控制要求的顺序控制电路的原理图。

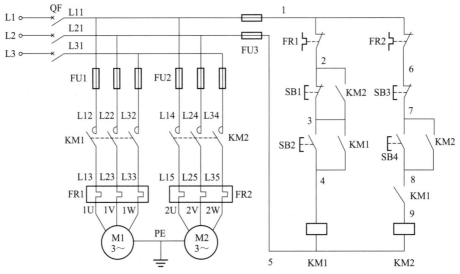

图 12-1　控制电路实现的顺序控制电路原理图

启动时，合上空气开关 QF，按下电动机 M1 启动按钮 SB2，接触器 KM1 的线圈通电吸合并自锁，电动机 M1 接通三相电源启动。同时，与接触器 KM2 线圈串联的动合辅助触点（8—9）也闭合，为接触器 KM2 的线圈通电做好准备。此后当按下电动机 M2 的启动按钮 SB4，接触器 KM2 的线圈通电并自锁，电动机 M2 接通三相电源启动。同时，与电动机 M1 的停止按钮 SB1 并联的动合辅助触点（2—3）也闭合形成联锁。可以看出，只有在电动机 M1 启动后才能启动电动机 M2。实现这种联锁的方法是将上一级接触器 KM1 的动合辅助触点串联在下一级接触器 KM2 的线圈电路中。

　　停止时，先按下电动机 M2 的停止按钮 SB3，接触器 KM2 线圈断电，其主触点和动合辅助触点复位，电动机 M2 停止工作；再按下电动机 M1 停止按钮 SB1，接触器 KM1 线圈断电，电动机 M1 停止工作。

　　如果在两台电动机同时工作时，先按下 SB1，由于与其并联的接触器 KM2 的动合辅助触点（2—3）闭合，故此时不能使接触器 KM1 线圈断电，所以无法使电动机 M1 先停止。实现这种联锁的方法是将下一级接触器 KM2 的动合辅助触点并联在上一级停止按钮 SB1 的两端。

12.1.2　按时间原则控制电动机的顺序启动

　　某一控制系统有两台电动机 M1 和 M2，要求电动机 M1 启动后，经过一定时间后电动机 M2 自行启动，并要求电动机 M1 和 M2 同时停止。控制电路如图 12-2 所示。

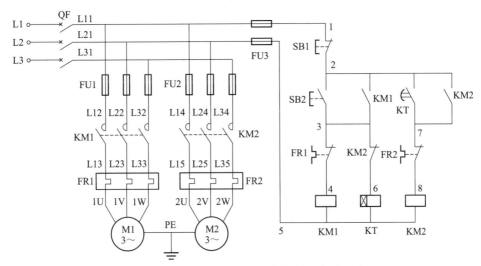

图 12-2　时间原则实现的顺序控制电路原理图

　　启动时，合上空气开关 QF，按下电动机 M1 启动按钮 SB2，接触器 KM1 和通电延时型时间继电器 KT 的线圈通电吸合，接触器 KM1 主触点闭合并自锁，电动机 M1 接通三相电源启动。当电动机 M1 工作一定时间后，时间继电器 KT 延时动作，其延时闭合触点（2—7）闭合，KM2 的线圈通电并自锁，电动机 M2 接通三相电源启动。同时接触器 KM2 的动断辅助触点（3—6）断开，使时间继电器 KT 断电，避免时间继电器长期通电工作。停止时，按下停止按钮 SB1，接触器 KM1、KM2 的线圈同时断电，电动机 M1、M2 同时停止运转。

12.2　电器选择与安装

12.2.1　电器选择

（1）按电气原理图 12-2 及电动机容量的大小选择电器元件。

（2）将所用电器的型号与规格、单位及数量填入表 12-1 的实训记录明细表中。

12.2.2　电器安装

（1）可按图 12-3 所示，进行电器元件的布置，并固定好电器元件。

（2）用万用表检查安装后的器件，确保各种电器完好。

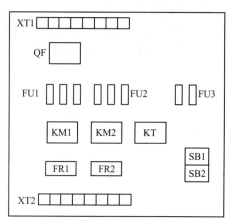

图 12-3　顺序控制电路电器元件布置图

表 12-1　时间原则实现的顺序控制电路电器元件明细

序号	元件名称	型号与规格	单位	数量

12.3　布线要求与线路检查

12.3.1　布线要求

（1）确定布线方式，选择槽板布线或控制板面布线。

（2）根据负载的大小、主电路和控制回路不同，选择导线的规格型号。

（3）每个接线端子原则上不应超过两根导线。

（4）接点压接工艺正确，不能有毛刺、反圈、裸铜过长和压接松动。

（5）该控制电路依据现场线路敷设要求，从控制按钮盒进出 3 根线，接线更为合理。

12.3.2　线路检查

（1）主电路的检查

① 在断电状态下，选择万用表合理的欧姆挡进行电阻测量法检查。

② 为消除负载、控制电路对测量结果影响，断开负载，并取下熔断器 FU2 的熔体。

③ 检查 FU1 及接线。

④ 检查接触器 KM1、KM2 主触头及接线，如接触器带有灭弧罩，需拆卸灭弧罩。

⑤ 检查热继电器 FR1、FR2 的热元件及接线。

⑥ 检查两台电动机及接线。

（2）控制电路的检查

① 选择万用表合理的欧姆挡（数字式一般为 2kΩ 挡）进行电阻测量法检查。

② 断开熔断器 FU2，将万用表表笔接在 1、5 接点上，此时万用表读数应为无穷大。

③ M1 启动检查：按下电动机 M1 的启动按钮 SB2↓→应显示 KM1 和 KT 线圈电阻的

并联值→再按下 SB1→万用表应显示无穷大（∞）→说明线路由通到断。

④ KM1 自锁电路检查：按下 KM1 主触点↓→应显示 KM1 和 KT 线圈电阻的并联值→再按下 SB1→万用表应显示无穷大（∞）。

⑤ M2 启动、KM2 自锁电路检查：按下 KM2 主触点↓→应显示 KM2 线圈电阻值→说明 M2 启动电路和 KM2 的自锁电路正常→再按下 SB1→万用表应显示无穷大（∞）。

⑥ KM2 互锁电路检查：按下 KM1 主触点（或 SB2）↓→应显示 KM1 和 KT 线圈电阻的并联值→再按下 KM2 的主触点↓→应显示 KM1 和 KM2 线圈电阻的并联值→说明 KM2 互锁电路正常。

12.4   通电安全操作要求

（1）通电试车过程中，必须保证学生的人身和设备的安全，在教师的指导下规范操作，学生不得私自通电。

（2）在确认电器元件、接线、负载和电源无误后，清理实训工作台上的杂物，告知周围的学生准备试车，在教师的监督下通电。

（3）熟悉操作过程。

M1 启动→M2 启动→停，观察电动机的旋转是否正常，如出现异常情况应及时切断电源，然后再进行线路检查。

（4）试车结束后，应先切断电源，再拆除接线及负载。

12.5   常见故障的分析与处理

12.5.1   故障现象

（1）故障现象一：电动机 M1 启动后，电动机 M2 不能启动。

（2）故障现象二：两台电动机顺序启动正常，但在电动机 M2 启动后，时间继电器 KT 仍然通电吸合。

12.5.2   故障分析

（1）故障现象一分析：接触器 KM2 的线圈不能通电。若时间继电器 KT 不能通电吸合，可能的原因是 KM2 的动断辅助触点（3—6）没有接通或损坏；若时间继电器 KT 能通电吸合，可能的原因是其延时闭合触点（2—7）没有接通或损坏，或热继电器 FR2 的动断触点（7—8）断开未复位。

（2）故障现象二分析：可能的原因是接触器 KM2 的动断辅助触点（3—6）没有接入电路而使（3—6）短接；或触点损坏，在 KM2 线圈通电时其动断辅助触点（3—6）不能正常断开。

12.5.3   故障处理

检查器件的各个触点，更换损坏的器件，或按原理图正确接线。

项目 13 三相异步电动机自动往返控制电路

【本项目目标】

① 熟悉自动往返控制电路的工作原理。

② 按照电路图完成线路的安装。

③ 掌握行程开关的使用方法、自动往返电路的检查方法以及试车的安全操作要求。

④ 能分析和处理电路故障。

13.1 控制电路

在实际生产中，常常要求生产机械的运动部件能在规定区域内实现自动往返，原因是有行程（或位置）限制，故常用行程开关代替按钮来实现对电动机的正、反转控制。图 13-1 是利用行程开关 SQ1 和 SQ2 来实现工作台自动往返的工作示意图。

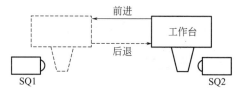

图 13-1 自动往返工作示意图

自动往返控制电路如图 13-2 所示，合上空气开关 QF，按下启动按钮 SB2，正转接触器 KM1 线圈通电吸合并自锁，电动机正转，工作台前进，当运行到 SQ1 处时，机械挡板使

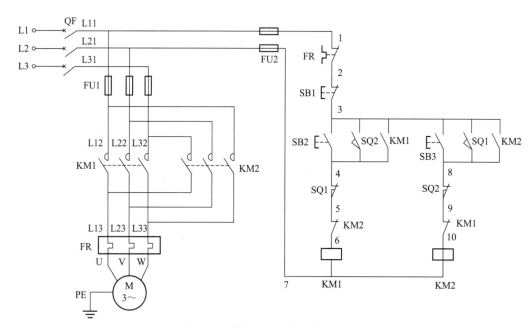

图 13-2 自动往返控制电路原理图

SQ1 动作，使其动断触点（4—5）断开，接触器 KM1 线圈断电，电动机停转；这时 SQ1 的动合触点（3—8）闭合，使反转接触器 KM2 线圈通电吸合并自锁，电动机反转，工作台后退，SQ1 复位为下次工作做准备，当运行到 SQ2 处时，机械挡板使 SQ2 动作，使其动断触点（8—9）断开，KM2 线圈断电，电动机停转；同时 SQ2 的动合触点（3—4）闭合，使正转接触器 KM1 线圈通电吸合并自锁，电动机正转，工作台又开始前进，SQ2 复位为下次工作做准备。如此循环往复，实现自动往返控制。如果先按下反转按钮 SB3，工作原理相同。按下停止按钮 SB1，电动机停转，工作台停止运动。

13.2　电器选择与安装

13.2.1　电器选择

（1）按电气原理图 13-2 及电动机容量的大小选择电器元件。

（2）将所用电器的型号与规格、单位及数量填入表 13-1 的实训记录明细表中。

表 13-1　自动往返控制电路电器元件明细

序号	元件名称	型号与规格	单位	数量

13.2.2　电器安装

（1）可按图 8-2 所示，进行电器元件的布置（行程开关在工作台上）。

（2）用万用表检查安装后的器件，确保各种电器完好。

13.3　布线要求与线路检查

13.3.1　布线要求

（1）确定布线方式，选择槽板布线或控制板面布线。

（2）根据负载的大小、主电路和控制回路不同，选择导线的规格型号。

（3）每个接线端子原则上不应超过两根导线。

（4）接点压接工艺正确，不能有毛刺、反圈、裸铜过长和压接松动。

（5）该控制电路依据现场线路敷设要求，从控制按钮盒进出 4 根线，接线更为合理。

13.3.2　线路检查

（1）主电路的检查

① 在断电状态下，选择万用表合理的欧姆挡进行电阻测量法检查。

② 为消除负载、控制电路对测量结果影响，断开负载，并取下熔断器 FU2 的熔体。

③ 检查 FU1 及接线。

④ 检查接触器 KM1、KM2 主触头及接线，如接触器带有灭弧罩，需拆卸灭弧罩。

⑤ 检查电动机及接线，均应测得相等的电动机绕组的直流电阻值。

（2）控制电路的检查

① 选择万用表合理的欧姆挡（数字式一般为 2kΩ 挡）进行电阻测量法检查。

② 断开熔断器 FU2，将万用表表笔接在 1、7 接点上，此时万用表读数应为无穷大。

③ 正转电路启动检查：按下按钮 SB2↓→应显示 KM1 线圈电阻值→再按下 SB1→万用表应显示无穷大（∞）→说明线路由通到断。用同样的方法可以检查反转停车控制线路。

④ 正转自锁电路检查：按下 KM1 主触点↓→应显示 KM1 线圈电阻值→说明 KM1 自锁电路正常→再按下 SB1→万用表应显示无穷大（∞）。用同样的方法检测 KM2 线圈的自锁电路。

⑤ 电气互锁电路检查：与可逆控制电气互锁电路检查方法相同。

⑥ 机械互锁电路检查：按下 SQ2↓→应显示 KM1 线圈电阻值→说明 SQ1 的互锁电路正常→再按下 SQ1→万用表应显示无穷大（∞）。用同样的方法检测 SQ2 的互锁电路。

13.4　通电安全操作要求

（1）通电试车过程中，必须保证学生的人身和设备的安全，在教师的指导下规范操作，学生不得私自通电。

（2）在确认电器元件、接线、负载和电源无误后，清理实训工作台上的杂物，告知周围的学生准备试车，在教师的监督下通电。

（3）熟悉操作过程。

① 前进→停、后退→停，观察电动机的旋转是否正常。

② 前进→后退→前进→停，观察电动机能否实现正反互换，如出现异常情况应及时切断电源，然后再进行线路检查。

（4）试车结束后，应先切断电源，再拆除接线及负载。

13.5　常见故障的分析与处理

13.5.1　故障现象

自动往返不能实现，即电动机启动后设备运行，运动部件到达规定位置，挡板压下行程开关时接触器动作，但运动部件方向不改变，继续按原方向移动而不能返回。

13.5.2　故障分析

如果行程开关动作时两个接触器可以相互切换，说明控制线路正确，故障点应在主电路，可能的原因是接触器 KM1 和 KM2 的主触点接入线路时没有换相或两次换相；如果行程开关动作时两个接触器相互不切换，说明接入电动机三相电源的相序与实际相序不一致。

13.5.3　故障处理

重新检查主电路换相接线；或改变接入电动机定子绕组的三相交流电源的相序。

项目 14 三相异步电动机降压启动控制电路

【本项目目标】

① 熟悉降压启动控制电路的工作原理，了解各种降压启动方式的特点。
② 按照电路图完成线路的安装。
③ 掌握星-三角降压启动线路的检查方法以及试车的安全操作要求。
④ 能分析和处理电路故障。

14.1 控制电路

降压启动的实质就是在电源电压不变的情况下，启动时降低加在电动机定子绕组上的电压，以达到限制启动电流的目的，待电动机启动后，再将电压恢复至额定值，使电动机在额定电压下运行。容量较大的电动机，通常采用降压启动方式。

降压启动方式较多，有定子串电阻或电抗启动、星-三角启动、自耦变压器启动、延边三角形启动和软启动等，常用的降压启动有星-三角启动、自耦变压器启动和软启动。

14.1.1 星-三角降压启动电路

星-三角降压启动用于正常运行时定子绕组接成三角形的鼠笼式异步电动机，图 14-1 是星形-三角形降压启动控制电路。

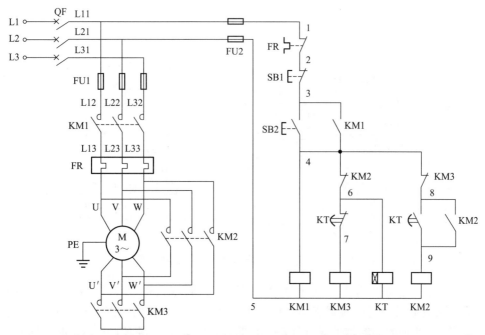

图 14-1 星形-三角形降压启动控制电路原理图

（1）星接启动 合上空气开关 QF，按下启动按钮 SB2，接触器 KM1、KM3 和通电延时型时间继电器 KT 的线圈通电吸合，接触器 KM1、KM3 的主触点闭合，接触器 KM1 的动合辅助触点（3—4）闭合而自锁，接触器 KM3 的动断辅助触点（4—8）断开，对接触器 KM2 形成互锁。此时主电路中电动机绕组首端 U、V、W 接入三相电源，末端 U′、V′、W′ 被接触器 KM3 主触点短接，形成星形接法，电动机以星形接法启动。这时电动机每相绕组所承受的电压是额定电压的 $1/\sqrt{3}$，启动电流（线电流）只有二角形接法的 1/3。

（2）星形-三角形转换 当电动机转速升高到一定值时，时间继电器 KT 延时动作，其延时断开（常闭）触点（6—7）断开，使接触器 KM3 线圈断电，其主触头断开，切断电动机的星形接法；同时，KT 延时闭合触点（8—9）闭合，接触器 KM2 线圈通电并自锁，其动断辅助触点（4—6）断开，对接触器 KM3 形成互锁，以防止 KM2 和 KM3 同时通电造成主电路短路，同时又使时间继电器 KT 断电，避免时间继电器长期通电工作；这时，接触器 KM2 主触点闭合，将 U 与 V′、V 与 W′、W 与 U′ 连在一起形成三角形接法。此时电动机绕组承受全部额定电压，即全压运行。

星形-三角形降压启动的优点是投资少、线路简单，但启动转矩只有直接启动的 1/3。因此，它只适用于空载或轻载启动的场合。

14.1.2 自耦变压器降压启动电路

自耦变压器降压启动就是把三相交流电源接入自耦变压器的一次侧，电动机的定子绕组接到自耦变压器的二次侧，电动机启动时得到的电压低于电源电压（额定电压），从而达到限制启动电流的目的，当电动机的转速达到一定值时，让自耦变压器与电路脱开，使电动机全压运行。图 14-2 是时间继电器控制的自耦变压器降压启动控制线路。

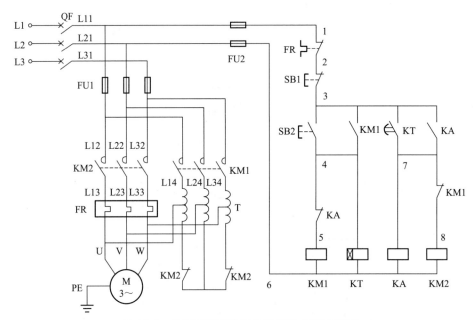

图 14-2 自耦变压器降压启动控制电路原理图

电路的工作过程是：合上空气开关 QF，按下启动按钮 SB2，接触器 KM1 和时间继电器 KT 的线圈通电吸合，接触器 KM1 主触点闭合，其动合辅助触点（3—4）闭合而自锁，对接触器 KM2 互锁的动断辅助触点（7—8）断开；时间继电器 KT 开始延时，同时自耦变压器 T 接入电路，电动机定子绕组接入低电压启动，当电动机的转速达到一定值时，时间继电器 KT 动作，延时动合触点（3—7）闭合，中间继电器 KA 线圈通电并自锁，对接触器 KM1 互锁的动断触点（4—5）断开，接触器 KM1 线圈断电释放并解除了对接触器 KM2 的互锁，同时切断自耦变压器 T；接触器 KM2 线圈通电，其主触点闭合接通三相电源，电动机在全压状态下运行。停止时，按下停止按钮 SB1，接触器 KM2 和中间继电器 KA 线圈断电，电动机停止运转。

自耦变压器降压启动适用于正常工作时定子绕组接成星形或三角形的较大容量的电动机，而且还可以根据不同的场合需要，改变自耦变压器的变压比而改变电动机的启动电流。但该启动方式价格昂贵，且不允许频繁启动。

14.1.3　软启动控制

软启动是随着电子技术的发展出现的新技术，软启动器是一种晶闸管调压装置，采用微机控制技术，实现三相交流异步电动机的软启动、软停车及轻载节能，同时也具有过载、缺相、过电压和欠压等多种保护功能。

图 14-3 是采用西诺克 Sinoco-SS2 系列软启动器控制电动机启动、停止的控制电路原理图。其中 FU2 是保护软启动器的快速熔断器，S1 和 S2 是启停信号输入端子，S3 和 S4 是旁路信号输出端子（其他端子的功能如图 6-3 所示）。电动机启动时通过软启动器使电压从某一较低值逐渐上升到额定值，启动后再用旁路接触器使电动机全压运行。

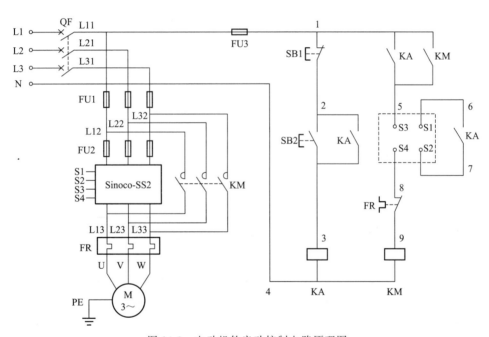

图 14-3　电动机软启动控制电路原理图

电路的工作原理如下。

合上空气开关 QF，按下启动按钮 SB2，中间继电器 KA 线圈通电吸合并自锁，同时其动合触点（1—5）、（2—3）、（6—7）闭合，启停信号输入端子 S1 和 S2 给软启动器输入信号，电动机按设定的过程启动；当启动完成后，软启动器输出旁路信号，使 S3 和 S4 端子闭合，接触器 KM 线圈通电吸合并自锁，旁路电路启动，电动机在全压下运行。

停止时，按下停止按钮 SB1，中间继电器 KA 线圈断电并解除自锁，同时已闭合的动合触点（1—5）、（2—3）、（6—7）复位断开，启停信号输入端子 S1 和 S2 给软启动器输入该信号，使软启动器旁路信号输出端子 S3 和 S4 断开，接触器 KM 线圈断电并解除自锁，软启动器接入电路，电动机按预定的过程实现软停车。

14.2　电器选择与安装

14.2.1　电器选择

（1）按电气原理图 14-1 及电动机容量的大小选择电器元件。

（2）将所用电器的型号与规格、单位及数量填入表 14-1 的实训记录明细表中。

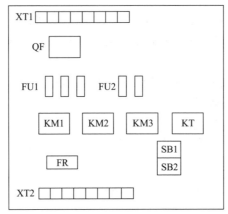

图 14-4　星-三角形启动
控制电路电器元件布置图

14.2.2　电器安装

（1）可按图 14-4 所示，进行电器元件的布置。

（2）用万用表检查安装后的器件，确保各种电器完好。

表 14-1　星形-三角形降压启动控制电路电器元件明细

序号	元件名称	型号与规格	单位	数量

14.3　布线要求与线路检查

14.3.1　布线要求

（1）确定布线方式，选择槽板布线或控制板面布线。

（2）根据负载的大小、主电路和控制回路不同，选择导线的规格型号。

（3）每个接线端子原则上不应超过两根导线。

（4）接点压接工艺正确，不能有毛刺、反圈、裸铜过长和压接松动。

（5）该控制电路依据现场线路敷设要求，从控制按钮盒进出 3 根线，接线更为合理。

14.3.2　线路检查

（1）主电路的检查

① 在断电状态下，选择万用表合理的欧姆挡进行电阻测量法检查。

② 为消除负载、控制电路对测量结果影响，断开负载，并取下熔断器 FU2 的熔体。

③ 检查各相间是否断开，将万用表的两支表笔分别接 L11～L21、L21～L31 和 L11～L31 端子，应测得断路。

④ 检查 FU1 及接线。

⑤ 检查接触器 KM1、KM2 和 KM3 主触头及接线，如接触器带有灭弧罩，需拆卸灭弧罩。检查电动机及接线，均应测得相等的电动机绕组的直流电阻值。

⑥ 检查热继电器 FR 的热元件及接线。

⑦ 检查电动机及接线。

（2）控制电路的检查

① 选择万用表合理的欧姆挡（数字式一般为 2kΩ 挡）进行电阻测量法检查。

② 断开熔断器 FU2，将万用表表笔接在 1、5 接点上，此时万用表读数应为无穷大。

③ 星形启动检查：按下启动按钮 SB2↓→应显示 KM1、KM3 和 KT 线圈电阻的并联值→说明星形启动电路正常→再按下停止按钮 SB1→万用表应显示无穷大（∞）→说明线路由通到断，停止按钮 SB1 的作用正常。

④ 星形自锁电路检查：按下 KM1 主触点↓→应显示 KM1、KM3 和 KT 线圈电阻的并联值→说明 KM1 自锁电路正常→再按下 SB1→万用表应显示无穷大（∞）。

⑤ 三角形自锁电路检查：将万用表表笔接在 4、5 接点上，此时万用表读数应为 KM1、KM3 和 KT 线圈电阻的并联值→按下 KM2 的主触点↓→应显示 KM1 和 KM2 线圈电阻的并联值→说明 KM2 自锁电路正常。

⑥ 星-三角形互锁电路检查：将万用表表笔接在 4、5 接点上，此时万用表读数应为 KM1、KM3 和 KT 线圈电阻的并联值→按下 KM2 的主触点↓→应显示 KM1 和 KM2 线圈电阻的并联值→说明 KM2 互锁电路正常→再按下 KM3 主触点↓→万用表应显示 KM1 的线圈电阻值→说明 KM3 互锁电路正常。

14.4　通电安全操作要求

（1）通电试车过程中，必须保证学生的人身和设备的安全，在教师的指导下规范操作，学生不得私自通电。

（2）在确认电器元件、接线、负载和电源无误后，清理实训工作台上的杂物，告知周围的学生准备试车，在教师的监督下通电。

（3）熟悉操作过程。

① 按下启动按钮，观察电动机的星形启动是否正常。

② 延时一定时间后，观察电动机三角形运行是否正常，如出现异常情况应及时切断电源，然后再进行线路检查。

（4）试车结束后，应先切断电源，再拆除接线及负载。

14.5　常见故障的分析与处理

14.5.1　故障现象

按下启动按钮 SB2，接触器 KM1 和 KM3 均通电动作，但电动机发出异响，电动机转子向正、反两个方向颤动，立即按下停止按钮 SB1，接触器 KM1 和 KM3 的灭弧罩有较大电弧。

14.5.2　故障分析

此类故障的原因之一是缺相启动引起的。故障点可能是接触器 KM3 的主触点的星形连接的中性点的短接线接触不良，使电动机一相绕组的末端引线未接入电路，电动机形成了跑单相故障。由于缺相，电动机绕组内不能形成旋转磁场，使电动机转轴的转向不定。

14.5.3　故障处理

接好中性点的短接线，重新通电试车。

项目 15 三相异步电动机制动控制电路

【本项目目标】

① 熟悉电动机制动控制电路的工作原理，了解各种制动控制电路的特点。
② 按照电路图完成线路的安装。
③ 掌握能耗制动线路的检查方法以及试车的安全操作要求。
④ 能分析和处理电路故障。

15.1 控制电路

电动机的定子绕组在断电后，其转子及其拖动系统因惯性作用，总是要经过一段时间后才能停止运转；若有些场合需要电动机迅速停车，就必须对电动机采取制动控制。三相异步电动机的制动方法有机械制动和电气制动。机械制动是通过电磁铁控制机械抱闸机构实现制动；电气制动是在电动机断电后在转子上加上与旋转方向相反的制动转矩，迫使电动机迅速停车。常用的电气制动的方法有能耗制动、反接制动、发电制动和电容制动。

15.1.1 能耗制动控制线路

能耗制动是指电动机在切断电源后，把电动机转子的动能转换成电能在转子电路中迅速消耗掉的制动方式。实施方法是电动机在切断三相电源的同时，将一直流电源接入电动机的定子绕组使定子绕组产生恒定磁场，转动的转子绕组切割该磁场产生感应电流，感应电流与磁场相互作用产生一个与转子转动方向相反的电磁转矩，迫使电动机迅速停车，制动结束后切断直流电源。图 15-1 是按时间原则控制的单向运行能耗控制电路原理图。

电路的工作原理是：合上空气开关 QF，按下启动按钮 SB2，接触器 KM1 线圈通电吸

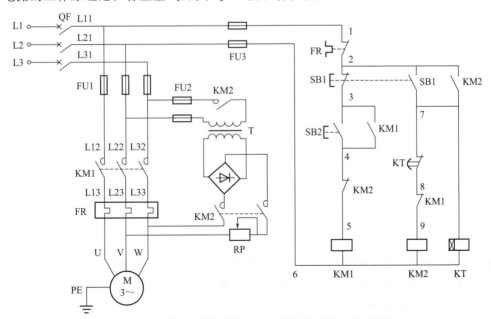

图 15-1 按时间原则控制的单向运行能耗控制电路原理图

合，接触器 KM1 的主触点闭合，电动机接通三相电源启动运行，接触器 KM1 动合辅助触点（3—4）闭合而自锁，动断辅助触点（8—9）断开，对接触器 KM2 形成互锁。停止时，按下复合停止按钮 SB1，其动断触点（2—3）首先断开，接触器 KM1 线圈断电并解除自锁和对接触器 KM2 的互锁，当复合按钮 SB1 的动合触点（2—7）闭合后，接触器 KM2 和时间继电器 KT 的线圈同时通电，接触器 KM2 的主触点闭合，电动机的定子绕组接入直流电源，进行能耗制动，同时时间继电器 KT 开始计时，当到达设定时间，其延时动断触点（7—8）断开，接触器 KM2 和时间继电器 KT 断电，能耗制动结束。制动转矩的大小可通过调节电阻 RP 的值来控制。

15.1.2　单向反接制动控制线路

反接制动是指改变电动机定子绕组中三相电源的相序，使电动机定子绕组产生一个与转子转动方向相反的旋转磁场，从而产生一个与转子转动方向相反的电磁转矩。在电动机完全停止前，必须切断电源，否则电动机将反转，因此在控制线路中需采用速度继电器检测电动机速度变化。图 15-2 是电动机单向运行反接制动控制电路原理图。

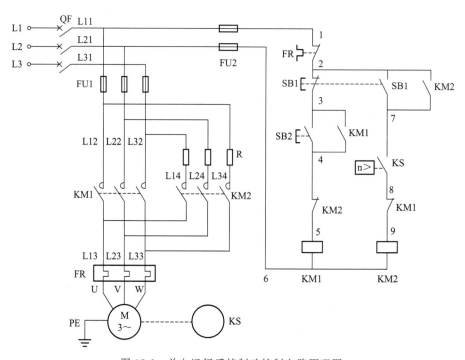

图 15-2　单向运行反接制动控制电路原理图

电路的工作原理是：合上空气开关 QF，按下启动按钮 SB2，接触器 KM1 线圈通电吸合，接触器 KM1 的主触点闭合，电动机接通三相电源启动运行，接触器 KM1 动合辅助触点（3—4）闭合而自锁，对接触器 KM2 形成互锁的动断辅助触点（8—9）断开，速度继电器 KS 的转子与电动机的转轴连接，当电动机转子转速超过 120r/min 时，其动合触点（7—8）闭合，为反接制动做好准备。

停止时，按下复合停止按钮 SB1，其动断触点（2—3）首先断开，接触器 KM1 线圈断电并解除自锁和对接触器 KM2 的互锁，速度继电器 KS 的动合触点在转子惯性转动下仍然闭合，当复合按钮 SB1 的动合触点（2—7）闭合后，接触器 KM2 的线圈通电，接触器 KM2 的主触点闭合，电动机进行反接制动，当电动机转子转速接近零（低于 100r/

min）时，速度继电器 KS 发出信号，其闭合的动合触点（7—8）复位断开，接触器 KM2 的线圈断电，反接制动结束。串联在电路中的 R 的作用是限制电流和调整制动转矩的大小。

15.1.3 双向反接制动控制线路

图 15-3 是电动机双向反接制动控制电路原理图。电阻 R 是电动机启动和制动的限流电阻，KS1 和 KS2 是速度继电器 KS 的正转和反转的动合触点。

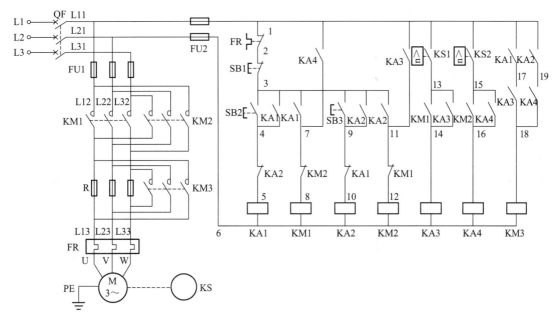

图 15-3 双向反接制动控制电路原理图

电路的工作原理是：合上空气开关 QF，按下正转启动按钮 SB2，中间继电器 KA1 线圈通电吸合并自锁，动合触点（3—4）、（3—7）和（1—17）闭合，动断触点（9—10）断开，接触器 KM1 的线圈通电吸合，主触点闭合，电动机串联电阻 R 降压启动，接触器 KM1 辅助动合触点（13—14）闭合，辅助动断触点（11—12）断开，对接触器 KM2 形成联锁；当电动机的转速达到一定值（120r/min）时，与电动机的转轴相连接速度继电器 KS 发出信号，触点 KS1（1—13）闭合，中间继电器 KA3 线圈通电吸合并自锁，其触点（13—14）、（1—11）和（17—18）闭合，接触器 KM3 线圈通电吸合，主触点闭合，电阻 R 被短接，电动机全压正转运行。

停止时，按下停止按钮 SB1，中间继电器 KA1 线圈断电，其触点复位，致使接触器 KM1 和 KM3 的线圈断电，其所有触点全部复位，为串联电阻反接制动做好准备；此时，由于电动机转速仍然较高，速度继电器 KS1 的触点处于闭合状态，中间继电器 KA3 线圈仍通电吸合，触点（1—11）仍闭合，接触器 KM1 的辅助动断触点（11—12）复位后，接触器 KM2 线圈通电吸合，主触点闭合，接通反接制动电路，当电动机转子转速接近零（低于 100r/min）时，速度继电器 KS 发出信号，其闭合的动合触点（1—13）断开，中间继电器 KA3 线圈断电，触点（1—11）断开，接触器 KM2 的线圈断电，反接制动结束。

电动机反转启动和制动原理及过程与正转时相似。由读者自己分析。

15.2　电器选择与安装

15.2.1　电器选择

（1）按电气原理图 15-1 及电动机容量的大小选择电器元件。

（2）将所用电器的型号与规格、单位及数量填入表 15-1 的实训记录明细表中。

15.2.2　电器安装

（1）可按图 15-4 所示，进行电器元件的布置。

（2）用万用表检查安装后的器件，确保各种电器完好。

表 15-1　能耗制动控制电路电器元件明细

序号	元件名称	型号与规格	单位	数量

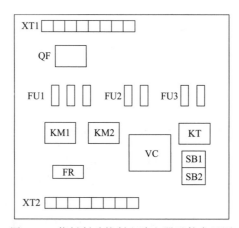

图 15-4　能耗制动控制电路电器元件布置图

15.3　布线要求与线路检查

15.3.1　布线要求

（1）确定布线方式，选择槽板布线或控制板面布线。

（2）根据负载的大小、主电路和控制回路不同，选择导线的规格型号。

（3）每个接线端子原则上不应超过两根导线。

（4）接点压接工艺正确，不能有毛刺、反圈、裸铜过长和压接松动。

（5）该控制电路依据现场线路敷设要求，从控制按钮盒进出 3 根线，接线更为合理。

15.3.2　线路检查

（1）主电路的检查　在断电状态下，选择万用表合理的欧姆挡检查：FU1 及接线、接触器 KM1、KM2 的主触头及接线、热继电器 FR 的热元件及接线、电动机及接线。

（2）控制电路的检查

① 选择万用表合理的欧姆挡（数字式一般为 2kΩ 挡）进行电阻测量法检查。

② 断开熔断器 FU2，将万用表表笔接在 1、6 接点上，此时万用表读数应为无穷大。

③ 单向启动检查：按下启动按钮 SB2↓→应显示 KM1 的线圈电阻值→说明单向启动、运行电路正常。

④ 制动电路检查：按下按钮 SB1↓→应显示 KM1 和 KT 线圈电阻的并联值→说明制动电路正常。

⑤ 单向运行自锁电路检查：按下 KM1 的主触点↓→应显示 KM1 线圈电阻值→说明单向运行自锁电路正常。

⑥ 制动自锁电路检查：按下 KM2 的主触点↓→应显示 KM1 和 KT 线圈电阻的并联值→说明制动自锁电路正常。

⑦ 电气互锁电路检查：按下 KM1 的主触点↓→应显示 KM1 线圈电阻值→再按下 KM2 主触点↓→万用表应显示 KT 线圈电阻值→说明 KM1 和 KM2 互锁电路正常。

15.4　通电安全操作要求

（1）通电试车过程中，必须保证学生的人身和设备的安全，在教师的指导下规范操作，学生不得私自通电。

（2）在确认电器元件、接线、负载和电源无误后，清理实训工作台上的杂物，告知周围的学生准备试车，在教师的监督下通电。

（3）熟悉操作过程。

① 按下启动按钮，观察电动机的单向启动是否正常。

② 工作一定时间后，按下复合停止按钮，观察电动机制动过程是否正常，注意操作按钮时，一定要按到位，否则制动电路无法启动，如出现异常情况应及时切断电源，然后再进行线路检查。

（4）试车结束后，应先切断电源，再拆除接线及负载。

15.5　常见故障的分析与处理

15.5.1　故障现象
按下复合停止按钮 SB1，电动机没有被制动。

15.5.2　故障分析
电动机制动电路没有接通。可能原因有：接触器 KM2 的线圈不能通电；接触器 KM2 的主触点至少有一对没有接通；熔断器 FU2 没有接通或者至少有一相熔断；桥式整流器损坏。

15.5.3　故障处理
按原理图正确接线，认真检查器件，更换损坏的器件并通电试车。

项目 16　三相异步电动机变极调速控制电路

【本项目目标】

① 熟悉电动机变极调速控制电路的工作原理，了解变频调速、转差率调速的特点。
② 按照电路图完成线路的安装。
③ 掌握变极调速电路的检查方法以及试车的安全操作要求。
④ 能分析和处理电路故障。

16.1　控制电路

根据三相异步电动机的转速表达式：$n=n_0(1-s)=60f(1-s)/p$，可看出电动机的转速可通过改变磁极对数 p、转差率 s 和电源频率 f 三种方法实现转速控制。其中变极调速适用于笼型异步电动机，一般有双速、三速、四速之分。双速电动机的定子中只有一套绕组；而三速、四速电动机的定子中需要两套绕组。

16.1.1　变极调速的接线原理

变极调速是通过改变定子绕组的连接，形成不同的磁极对数，获得不同的转速。双速电动机定子绕组常见的接法有△/YY 和 Y/YY 两种。图 16-1 为 4/2 极的△/YY 双速电动机定子绕组接线原理图。

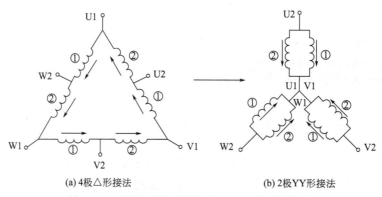

(a) 4极△形接法　　　　　　　　　　(b) 2极YY形接法

图 16-1　双速电动机定子绕组△/YY 接线原理图

将电动机定子绕组的 U1、V1、W1 三个接线端子接三相交流电源，U2、V2、W2 三个接线端悬空，三相定子绕组接成三角形，这样每相绕组中的①、②线圈串联，电流方向如图 16-1(a) 中箭头所示，电动机以 4 极启动低速运行。

若将电动机定子绕组的 U2、V2、W2 三个接线端接三相交流电源，而将另外三个接线端 U1、V1、W1 连在一起，则原来三角形连接的定子绕组变为双星形接线，如图 16-1(b) 所示，此时每相绕组中的①、②线圈互相并联，电源方向如图 16-1(b) 中箭头所示，电动机以 2 极启动高速运行。

图 16-2 为 6/4 极的 Y/YY 双速电动机定子绕组接线原理图。

将电动机定子绕组的 U1、V1、W1 三个接线端子接三相交流电源，U2、V2、W2 三个

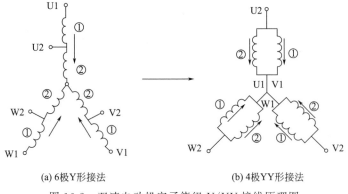

(a) 6极Y形接法　　　　　　　　(b) 4极YY形接法

图 16-2 双速电动机定子绕组 Y/YY 接线原理图

接线端悬空，三相定子绕组接成 Y 形，这样每相绕组中的①、②线圈串联，电流方向如图 16-2(a) 中箭头所示，电动机以 6 极启动低速运行。

若将电动机定子绕组的 U2、V2、W2 三个接线端接三相交流电源，而将另外三个接线端 U1、V1、W1 连在一起，则原来 Y 形连接的定子绕组变为双星形接线，如图 16-2(b) 所示，此时每相绕组中的①、②线圈互相并联，电源方向如图 16-2(b) 中箭头所示，电动机以 4 极启动高速运行。

16.1.2　按钮控制的双速电动机电路

图 16-3 为按钮控制的双速电动机电路。图中 KM1 用于三角形连接的低速控制，KM2、KM3 用于双星形连接的高速控制，SB2 为低速按钮，SB3 为高速按钮。HL1、HL2 分别为低、高速指示灯。

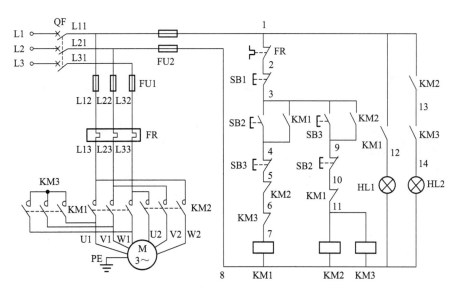

图 16-3 按钮按制的双速电动机电路

电路的工作原理是：合上电源开关 QF，按下启动按钮 SB2，KM1 通电并自锁，电动机为三角形连接，实现低速运行，指示灯 HL1 亮；当需要高速运行时，按下 SB3，KM2、KM3 通电并自锁，电动机接成双星形连接，实现高速运行，指示灯 HL2 亮，HL1 灭。

由于电路采用了 SB2、SB3 的机械互锁和接触器的电气互锁，能够实现低速运行直接转换为高速，或由高速直接转换为低速，无需再操作停止按钮。

16.1.3　时间继电器控制的双速电动机电路

图 16-4 为时间继电器控制的双速电动机电路。图中 KM1 用于三角形连接的低速控制，KM2、KM3 用于双星形连接的高速控制，KT 用于高、低速自动切换控制，SB2 为低速按钮，SA 为转换开关，KA 为中间继电器。HL1、HL2 分别为低、高速指示灯。

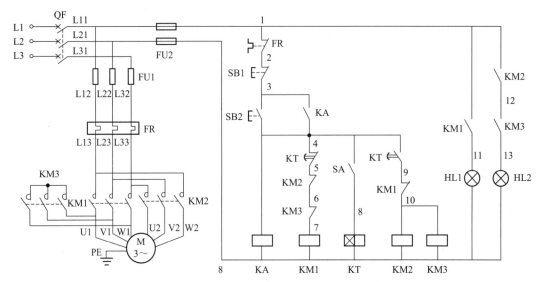

图 16-4　时间继电器控制的双速电动机电路

电路的工作原理是：合上电源开关 QF，按下启动按钮 SB2，KA 通电并自锁，KM1 线圈得电，其触头动作，电动机为三角形连接，实现低速运行，指示灯 HL1 亮；当需要高速运行时，合上 SA，时间继电器 KT 通电，经过延时后 KT（4—5）点断开，KM1 线圈失电，电动机断开三角形连接，同时 KT（4—9）点延时闭合，KM2、KM3 的线圈通电，电动机接成双星形连接，实现高速运行，此时指示灯 HL2 亮，HL1 灭。

由于电路采用了时间继电器 KT 和接触器的电气互锁，能够实现低速直接转换为高速，或由高速直接转换为低速。

16.2　电器选择与安装

16.2.1　电器选择

（1）根据电气原理图 16-3 及电动机容量的大小选择电器元件。

（2）将所用电器的型号与规格、单位及数量填入表 16-1 的实训记录明细表中。

表 16-1　按钮控制的双速电动机电路电器元件明细

序号	元件名称	型号与规格	单位	数量

16.2.2　电器安装

（1）可按图 16-5 所示，进行电器元件的布置。

（2）用万用表检查安装后的器件，确保各种电器完好。

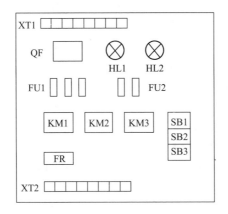

图 16-5　按钮控制的双速电动机电器元件布置图

16.3　布线要求与线路检查

16.3.1　布线要求

（1）确定布线方式，选择槽板布线或控制板面布线。

（2）根据负载的大小、主电路和控制回路不同，选择导线的规格型号。

（3）每个接线端子原则上不应超过两根导线。

（4）接点压接工艺正确，不能有毛刺、反圈、裸铜过长和压接松动。

（5）该控制电路依据现场线路敷设要求，从控制按钮盒进出 4 根线，接线更为合理。

16.3.2　线路检查

（1）主电路的检查

① 在断电状态下，选择万用表合理的欧姆挡进行电阻测量法检查。

② 为消除负载、控制电路对测量结果的影响，断开负载，并取下熔断器 FU2 的熔体。

③ 检查各相间是否断开，将万用表的两支表笔分别接 L11～L21、L21～L31 和 L11～L31 端子，应测得断路。

④ 检查 FU1 及接线。

⑤ 检查接触器 KM1、KM2 和 KM3 主触头及接线，如接触器带有灭弧罩，需拆卸灭弧罩。检查电动机及接线，均应测得相等的电动机绕组的直流电阻值。

⑥ 检查热继电器 FR 的热元件及接线。

⑦ 检查电动机及接线。

（2）控制电路的检查

① 选择万用表合理的欧姆挡（数字式一般为 2kΩ 挡）进行电阻测量法检查。

② 断开熔断器 FU2，将万用表表笔接在 1、8 接点上，此时万用表读数应为无穷大。

③ 低速启动检查：按下启动按钮 SB2↓→应显示 KM1 的线圈电阻值→说明低速启动电

路正常→再按下停止按钮 SB1→万用表应显示无穷大（∞）→说明线路由通到断，停止按钮 SB1 的作用正常。

④ 低速自锁电路检查：按下 KM1 主触点↓→应显示 KM1 和 HL1 线圈电阻的并联值→说明 KM1 自锁电路正常→再按下 SB1→万用表应显示无穷大（∞）。

⑤ 高速启动检查：按下启动按钮 SB3↓→应显示 KM2 和 KM3 线圈电阻的并联值→说明高速启动电路正常→再按下停止按钮 SB1→万用表应显示无穷大（∞）→说明线路由通到断，停止按钮 SB1 的作用正常。

⑥ 高速自锁电路检查：按下 KM2 主触点↓→应显示 KM2 和 KM3 线圈电阻的并联值→说明 KM2 自锁电路正常→再按下 SB1→万用表应显示无穷大（∞）。

16.4　通电安全操作要求

（1）通电试车过程中，必须保证学生的人身和设备的安全，在教师的指导下规范操作，学生不得私自通电。

（2）在确认电器元件、接线、负载和电源无误后，清理实训工作台上的杂物，告知周围的学生准备试车，在教师的监督下通电。

（3）熟悉操作过程。

① 按下 SB2 启动按钮，观察电动机的低速启动是否正常。

② 按下 SB3 启动按钮，观察电动机的高速运行是否正常，如出现异常情况应及时切断电源，然后再进行线路检查。

（4）试车结束后，应先切断电源，再拆除接线及负载。

16.5　常见故障的分析与处理

16.5.1　故障现象

按下低速启动按钮 SB2，接触器 KM1 通电动作，低速运行正常。当按下高速启动按钮 SB3 时，接触器 KM2 动作，但电动机未能进入高速运行，反而停止，指示灯 HL2 不亮。

16.5.2　故障分析

此类故障的原因是接触器 KM3 引起的。故障点可能是接触器 KM3 的线圈、主触点的星形连接接触不良以及辅助触头接线错误，使电动机未能接成双星形连接，不能实现高速运行，指示灯 HL2 不亮。

16.5.3　故障处理

检查接触器 KM3 的线圈、主触点、辅助触点及接线，找出故障点并接好线路，重新通电试车。

思考与练习题

一、判断题（将答案写在题后的括号内，正确的打"√"，错误的打"×"）

1. 电动机启动时，要求启动电流尽可能小些，启动转矩尽可能大些。（　　）

2. 三相异步电动机启、停控制电路，启动后不能停止，其原因是停止按钮接触不良而开路。（　　）

3. 三相异步电动机启、停控制电路，启动后不能停止，其原因是自锁触点与停止按钮并联。（　　）

4. 三相鼠笼式异步电动机正反转控制线路，采用按钮和接触器双重联锁较为可靠。（　　）

5. 三相笼型异步电动机的电气控制线路，如果使用热继电器作过载保护，就不必再装设熔断器作短路保护。（　　）

6. 在反接控制线路中，必须采用以时间为变化参量进行控制。（　　）

7. 现有四个按钮，要使它们都能控制接触器 KM 通电，则它们的动合触点应串联接到 KM 的线圈电路中。（　　）

8. 自耦变压器降压启动的方法适用于频繁启动的场合。（　　）

9. 绘制电气原理图时，电器触头应是未通电时的状态。（　　）

10. 点动是指按下按钮时，电动机转动工作；松开按钮时，电动机停止工作。（　　）

11. 异地控制中有多组按钮，按钮的一般连接原则是：常开按钮要并联，常闭按钮要串联。（　　）

12. 能耗制动控制电路是指异步电动机改变定子绕组上三相电源的相序，使定子产生反向旋转磁场作用于转子而产生制动力矩。（　　）

13. 异步电动机 Y-△降压启动过程中，定子绕组的自动切换由时间继电器延时动作来控制的。这种控制方式被称为按时间原则的控制。（　　）

14. 软启动器不仅能实现三相交流异步电动机的软启动、软停车及轻载节能，而且具有过载、缺相、过电压和欠压等多种保护功能。（　　）

15. 变极调速是指改变定子绕组的连接方法，形成不同的磁极对数而获得不同的转速，其中双速电动机定子绕组常见的接法有△/YY 和 Y/△△两种。（　　）

二、选择题（只有一个正确答案，将正确答案填在括号内）

1. 三相电源绕组的尾端接在一起的连接方式叫（　　）。

A. 角接　　　　　　　B. 星接　　　　　　　C. 短接　　　　　　　D. 对称型

2. 由于电弧的存在，将导致（　　）。

A. 电路的分断时间加长　　　　　　　B. 电路的分断时间缩短

C. 电路的分断时间不变　　　　　　　D. 分断能力提高

3. 三相异步电动机的正反转控制关键是改变（　　）。

A. 电源电压　　　　B. 电源相序　　　　C. 电源电流　　　　D. 负载大小

4. 三角形接法的三相异步电动机在运行中，如果绕组断开一相，则其余两相绕组的电流较原来将会（　　）。

A. 减小　　　　　　　B. 增大　　　　　　　C. 不变　　　　　　　D. 不能确定

5. 用来表明电动机、电器的实际位置的是（　　）。

A. 电气控制原理图　　　　　　　B. 电器元件布置图

C. 电气系统图　　　　　　　　　D. 电气安装接线图

6. 用交流电压表测得交流电压的数值是（　　）。

A. 平均值　　　　B. 有效值　　　　C. 最大值　　　　D. 瞬时值

7. 定子绕组串电阻的降压启动是指电动机启动时，把电阻串接在电动机（　　），通过电阻的分压作用来降低定子绕组上的启动电压。

A. 定子绕组上　　　　　　　B. 定子绕组与电源之间

C. 电源上　　　　　　　　　D. 转子上

8. 电动机在运行中出现缺相运行，会发出"嗡嗡"声，输出转矩下降，可能（　　）。

A. 烧毁电动机　　　　　　　　　　B. 烧毁控制电路

C. 电动机加速运转　　　　　　　　D. 电动机停止运转

9. 电动机 Y-△降压启动过程中，在以星形接法启动时，电动机每相绕组所承受的电压是额定电压的（　　）。

A. $1/3$　　　　　　B. $1/\sqrt{3}$　　　　　　C. $\sqrt{3}$　　　　　　D. $3/\sqrt{3}$

10. 三相 380V 及以下的电动机，如果受潮使其绝缘电阻低于（　　）MΩ，则不可正常使用。

A. 50　　　　　　B. 0.5　　　　　　C. 5　　　　　　D. 10

三、简答题

1. 电气布线的基本要求是什么？

2. 什么是自锁和互锁？并画图说明。

3. 电动机的异地控制电路中，使用多组控制按钮，其连接原则是什么？

4. 降压启动的目的是什么？通常采用降压启动方式有哪些？

5. 自耦变压器降压启动适用于什么场合？

6. 什么是软启动？它有哪些优点？

7. 何为三相异步电动机的机械制动和电气制动？常用的电气制动的方法有哪些？

8. 什么是能耗制动？什么是反接制动？

9. 简述电动机的变极调速。试画出双速电动机△/YY 和 Y/YY 接法的接线原理图。

10. 通电试车的安全操作要求是什么？

模块三 典型机床与起重机电气控制系统检修

项目 17　机床电气故障检修的基本方法

【本项目目标】

① 了解机床电气故障检修的基本要求。

② 掌握机床电气故障检修的步骤、方法和技巧。

③ 熟练应用电阻法、电压法等测试方法，检测电气故障。

④ 熟悉电气检修的安全知识。

17.1　机床电路故障检修的一般步骤

17.1.1　机床电气故障分类

机床电气故障是指由于各种原因使机床电气线路或电气设备损坏，造成其电气功能丧失的故障。由于机床电路故障的种类繁多，而同一种故障又有多种表现形式。因此，将机床电气故障分为以下几种类型。

（1）损坏性故障和预告性故障　损坏性故障是指电气线路或电气设备已经损坏的严重故障，如熔断器熔体熔断，电动机绕组断线等。对于这类故障在查明造成电气线路或电气设备损坏的原因之后，通过更换或修复才能排除。

有些故障，如灯泡亮度下降、电动机温升偏高等，设备尚未损坏，还可继续使用，此类故障为预告性故障。这类故障若不及时处理，会演变成损坏性故障。

（2）内部故障和外部故障　有些电气故障是由于电气线路或电气设备内部因素造成的，如电磁力、电弧、发热等，使设备结构损坏、绝缘材料的绝缘击穿等，称为内部故障。有些是由外部因素造成的，如电源电压、频率、三相不平衡、外力及环境条件等，使电气线路或电气设备形成故障，称为外部故障。

（3）显性故障和隐性故障　显性故障是指故障部位有明显的外表特征，容易被人发现，如继电器和接触器线圈过热、冒烟、发出焦味、触点烧熔、接头松脱、电器声音异常、振动过大、移动不灵、转动不活等。隐性故障是指没有外表特征，不易被人发现。如绝缘导线内部断裂、热继电器整定值调整不当、触点通断不同步等。隐性故障由于没有外表特征，常需花费更多的时间和精力去分析和查找。

不管故障原因多么复杂，故障部位多么隐蔽，只要采取正确的方法和步骤，就一定能"快"且"准"地找出故障，并排除故障。

17.1.2　机床电气故障检修的一般步骤

（1）观察和调查故障现象　电气故障现象是检修电气故障的基本依据，是电气故障检修的起点。因而要对故障现象进行仔细观察、分析，找出故障现象中最主要的、最典型的方面，搞清故障发生的时间、地点、环境等。

（2）分析故障原因 根据故障现象分析故障原因是电气故障检修的关键，经过分析初步确定故障范围、缩小故障部位。分析的能力是建立在对电气设备的构造、原理、性能的充分理解的基础上。要求理论与实际相结合。

（3）确定故障点 确定故障点是电气故障检修的最终目的和结果，如短路点、损坏的元器件等，也可理解成确定某些运行参数的变异，如电压波动、三相不平衡等。确定故障部位往往要采用下面将要介绍的多种方法和手段。

17.1.3 电气故障检修的一般方法

（1）电气故障调查 通过"问、看、听、摸、闻"来发现异常情况，从而找出故障电路和故障所在部位。

① 问：向现场操作人员了解故障发生前后的情况。如故障发生前是否过载、频繁启动和停止；故障发生时是否有异常声音和振动，有没有冒烟、冒火等现象。

② 看：仔细察看各种电器元件的外观变化情况。如看触点是否烧熔、氧化，熔断器熔体熔断指示器是否跳出，导线和线圈是否烧焦，热继电器整定值是否合适，整定电流是否符合要求等。

③ 听：主要听相关电器在故障发生前后声音是否不同。如电动机启动时"嗡嗡"响而不转；接触器线圈得电后噪声很大等。

④ 摸：故障发生后，断开电源，用手触摸或轻轻推拉导线及电器的某些部位，以察觉异常变化。如摸电动机、自耦变压器和电磁线圈表面，感觉温度是否过高；轻拉导线，看连接是否松动；轻推电器活动机构，看移动是否灵活等。

⑤ 闻：故障出现后，断开电源，靠近电动机、自耦变压器、继电器、接触器、绝缘导线等处，闻闻是否有焦味。如有焦味，则表明电器绝缘层已被烧坏，主要原因则是过载、短路或三相电流严重不平衡等故障所造成。

（2）状态分析法 发生故障时，根据电气设备所处的状态进行分析的方法，称为状态分析法。电气设备的运行过程可以分解成若干个连续的阶段，这些阶段也可称为状态。任何电气设备都处在一定的状态下工作，如电动机工作过程可以分解成启动、运转、正转、反转、高速、低速、制动、停止等工作状态。电气故障总是发生于某一状态，而在这一状态中，各种元件又处于什么状态，这正是分析故障的重要依据。例如，电动机启动时，哪些元件工作，哪些触点闭合等，因而检修电动机启动故障时只需注意这些元件的工作状态。状态划分得越细，对检修电气故障越有利。

（3）测量法 用电气测量仪表测试参数，通过与正常的数值对比，确定故障部位和故障原因。

① 电压法测量：用万用表交流 500V 挡测量电源、主电路电压以及各接触器和继电器线圈、各控制回路两端的电压。若发现所测处电压与额定电压不相符（超过 10% 以上），则为故障可疑处。

② 电流法测量：用钳形电流表或交流电流表测量主电路及有关控制回路的工作电流。若所测电流值与设计电流值不相符（超过 10% 以上），则该电路为故障可疑处。

③ 电阻法测量：断开电源，用万用表欧姆挡测量有关部位的电阻值。若所测电阻值与要求的电阻值相差较大，则该部位极有可能就是故障点。一般来讲，触点接通时，电阻值趋近于"0"，断开时电阻值为"∞"；导线连接牢靠时连接处的接触电阻也趋于"0"，连接处松脱时，电阻值则为"∞"；各种绕组（或线圈）的直流电阻值也较小，往往只有几欧姆至几千欧姆，而断开后的电阻值为"∞"。

④ 测量绝缘电阻法：断开电源，用兆欧表测量电器元件和线路对地以及相间绝缘电阻值。电器绝缘层绝缘电阻规定不得小于 $0.5M\Omega$。绝缘电阻值过小，是造成相线与地、相线与相线、相线与中性线之间漏电和短路的主要原因，若发现这种情况，应认真检查。

17.1.4 机床电气故障检修技巧

（1）熟悉电路原理，确定检修方案 当一台设备的电气系统发生故障时，不要急于动手拆卸，首先要了解该电气设备产生故障的现象、经过、范围、原因，熟悉该设备及电气控制系统的工作原理，分析各个具体电路，弄清电路中各级之间的相互联系以及信号在电路中的来龙去脉，结合实际经验，经过周密思考，确定一个科学的检修方案。

（2）先机械，后电路 电气设备都以电气、机械原理为基础，特别是机电一体化的设备，机械和电子在功能上有机配合，是一个整体的两个部分。往往机械部件出现故障，影响电气系统，许多电气部件的功能就不起作用。因此不要被表面现象迷惑。电气系统出现故障并不一定都是电气本身问题，有可能是机械部件发生故障所造成的。因此先检修机械系统所产生的故障，再排除电气部分的故障，往往会收到事半功倍的效果。

（3）先简单，后复杂 检修故障要先用最简单易行、自己最拿手的方法去处理，再用复杂、精确的方法。排除故障时，先排除直观、显而易见、简单常见的故障，后排除难度较高、没有处理过的疑难故障。

（4）先检修通病，后攻疑难杂症 电气设备经常容易产生相同类型的故障就是"通病"。由于通病比较常见，积累的经验较丰富，因此可快速排除，这样找可以集中精力和时间排除比较少见、难度高、古怪的疑难杂症，简化步骤，缩小范围，提高检修速度。

（5）先外部调试，后内部处理 外部是指暴露在电气设备外壳或密封件外部的各种开关、按钮、插口及指示灯。内部是指在电气设备外壳或密封件内部的印制电路板、元器件及各种连接导线。先外部调试，后内部处理，就是在不拆卸电气设备的情况下，利用电气设备面板上的开关、旋钮、按钮等调试检查，缩小故障范围。首先排除外部部件引起的故障，再检修机内的故障，尽量避免不必要的拆卸。

（6）先不通电测试，后通电测试 首先在不通电的情况下，对电气设备进行检修；然后再在通电情况下，对电气设备进行检修。对许多发生故障的电气设备检修时，不能立即通电，否则会人为扩大故障范围，烧毁更多的元器件，造成不应有的损失。因此，在故障机通电前，先进行电阻测量，采取必要的措施后，方能通电检修。

（7）先公用电路、后专用电路 任何电气系统的公用电路出故障，其能量、信息就无法传送、分配到各具体专用电路，专用电路的功能、性能就不起作用。如一个电气设备的电源出故障，整个系统就无法正常运转，向各种专用电路传递的能量、信息就不可能实现。因此遵循先公用电路、后专用电路的顺序，就能快速、准确地排除电气设备的故障。

（8）总结经验，提高效率 电气设备出现的故障五花八门、千奇百怪。任何一台有故障的电气设备检修完，应该把故障现象、原因、检修经过、技巧、心得记录在专用笔记本上，学习掌握各种新型电气设备的机电理论知识、熟悉其工作原理、积累维修经验，将自己的经验上升为理论。在理论指导下，具体故障具体分析，才能准确、迅速地排除故障。只有这样才能把自己培养成为检修电气故障的行家里手。

17.2 常用的机床电路故障检修方法

17.2.1 试电笔法

试电笔检修断路故障的方法如图 17-1 所示。按下按钮 SB2，用试电笔依次测试 1、2、

3、4、5、6、0各点，测量到哪一点试电笔不亮即为断路处。

[特别提示]

（1）当测量一端接地的220V故障电路时，要从电源侧开始，依次测量，且注意观察试电笔的亮度，防止因外部电场、泄漏电流引起氖管发亮，而误认为电路没有断路。

（2）当检查380V电路，并有变压器的控制电路中的熔断器是否熔断时，要防止由于电源电压通过另一相熔断器和变压器的一次线圈回到已熔断的熔断器的出线端，造成熔断器未熔断的假象。

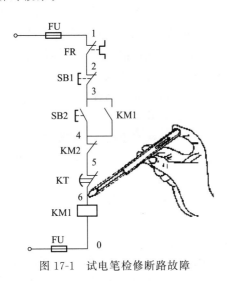

图 17-1 试电笔检修断路故障

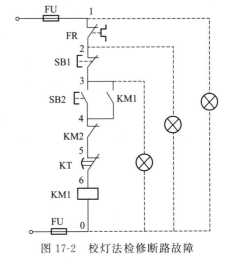

图 17-2 校灯法检修断路故障

17.2.2 校灯法

校灯法检修断路故障的方法如图17-2所示。检修时将校灯一端接在0点线上；另一端依次按1、2、3、4、5、6次序逐点测试，并按下按钮SB2。若将校灯接到2号线上，校灯亮，而接到3号线上，校灯不亮，说明按钮SB1(2—3)断路。

[特别提示]

（1）用校灯检修断路故障时，要注意灯泡的额定电压与被测电压应相适应。如被测电压过高，灯泡易烧坏；如电压过低，灯泡不亮。一般检查220V电路时，用一只220V灯泡；若检查380V电路时，可用两只220V灯泡串联。

（2）用校灯检查故障时，要注意灯泡的功率，一般查找断路故障时使用小容量（10～60W）的灯泡为宜；查找接触不良而引起的故障时，要用较大功率（150～200W）的灯泡，这样就能根据灯的亮、暗程度来分析故障。

17.2.3 万用表的电阻测量法

（1）分阶测量法 电阻的分阶测量法如图17-3所示。按下SB2，KM1不吸合，说明电路有断路故障。首先断开电源，然后按下SB2不放，用万用表的电阻挡测量1—7两点间（或线号间）的电阻，若电阻为无穷大，说明1—7间电路断路。然后分阶测量1—2、1—3、1—4、1—5、1—6各两点间的电阻值。若某两点间的电阻值近似为0Ω，说明电路正常；若测量到某两点间的电阻值为无穷大，说明该触点或连接导线有断路故障。

（2）分段测量法 电阻的分段测量法如图17-4所示。检查时，先断开电源，按下SB2，然后依次逐段测量相邻两线号1—2、2—3、3—4、4—5、5—6间的电阻。若测量某两线号的电阻为无穷大，说明该触点或连接导线有断路故障。如测量 2—3 两线号间的电阻为无穷大，说明按钮 SB1 或连接 SB1 的导线有断路故障。

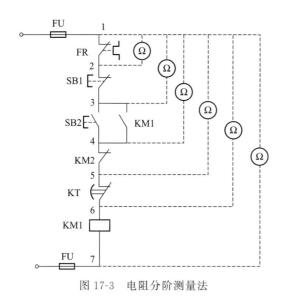

图 17-3 电阻分阶测量法

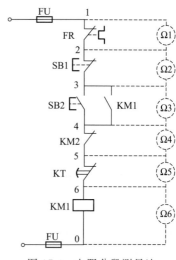

图 17-4 电阻分段测量法

[特别提示]

用电阻测量法检查故障时，必须要断开电源；若被测电路与其他电路并联时，必须将该电路与其他电路断开，否则所测得的电阻值误差较大。电阻测量法虽然安全，但测得的电阻值不准确时，容易造成误判。因此应注意。

17.2.4 万用表的电压分阶测量法

使用万用表的交流电压挡逐级测量控制电路中各种电器的输出端（闭合状态）电压，往往可以迅速查明故障点。以图 17-5 所示的控制回路为例，其电压测量的操作步骤如下：

（1）将万用表的转换开关置于交流挡 500V 量程。

（2）接通控制电路电源（注意先断开主电路）。

（3）检查电源电压，将黑表笔接到图 17-5 中的端点 1，用红表笔去测量端点 0。若无电压或电压异常，说明电源部分有故障，可检查控制电源变压器及熔断器等；若电压正常，即可继续按以下步骤操作。

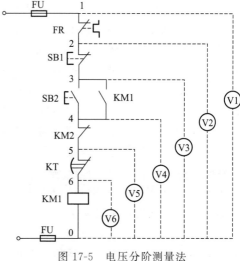

图 17-5 电压分阶测量法

（4）按下 SB2，若 KM1 正常吸合并自锁，说明该控制回路无故障，应顺序检查其主电路；若 KM1 不能吸合或自锁，则继续按以下步骤操作。

（5）用黑表笔测量端点 2，若所测值与正常电压不相符，一般先考虑触头或引线接触不良；若无电压，则应检查热继电器是否已动作，必要时还应排除主电路中导致热继电器动作的原因。

（6）用黑表笔测量端点 3，若无电压，一般考虑按钮 SB1 触头未复位或是接线松脱。

（7）按下 SB2，来测量端点 4，若无电压，可考虑是触头接触不良或接线松脱。

（8）若电压值正常，用黑表笔测量端点 5，若无电压，可考虑是 KM2 触头接触不良或接线松脱。

（9）若电压值正常，用黑表笔测量端点 6，若无电压，可考虑是 KT 触头接触不良或接线松脱。

（10）若电压值正常，则考虑接触器 KM1 线圈可能有内部开路故障。

[特别提示]

主令电器的常开触头，出线端在正常情况下应无电压，常闭触头的出线端在正常情况下，所测电压应与电源电压相符，若有外力使触头动作，则测量结果应与未动作状态的测量结果相反。对于各种耗能元件（如电磁线圈），仅用电压测量法不能确定其故障原因。

17.2.5 短接法

短接法是利用一根绝缘导线，将所怀疑断路的部位短接。在短接过程中，若电路被接通，则说明该处断路。

[特别提示]

（1）由于短接法是用手拿着绝缘导线带电操作，因此一定要注意安全，以免发生触电事故。

（2）短接法只适用于检查压降极小的导线和触点之间的断路故障。对于压降较大的电器，如电阻、接触器和继电器以及变压器的线圈、电动机的绕组等断路故障，不能采用短接法，否则就会出现短路故障。

（3）对于机床的某些要害部位，必须确保电气设备或机械部位不会出现故障的情况下，才能采用短接法。

17.2.6 检修电路注意事项

（1）用兆欧表测量绝缘电阻时，低压系统用 500V 兆欧表，而在测量前应将弱电系统的元器件（如晶体管、晶闸管、电容器等）断开，以免由于过电压而击穿、损坏元器件。

（2）检修时若需拆开电动机或电气元件接线端子，应在拆开处两端标上标号，不要凭记忆记标号，以免出现差错。断开线头要作通电试验时，应检查有无接地、短路或人体接触的可能，尽量用绝缘胶布临时包上，以防止发生意外事故。

（3）更换熔断器熔体时，要按规定容量更换，不准用铜丝或铁丝代替，在故障未排除前，尽可能临时换上规格较小的熔体，以防止故障范围扩大。

（4）当电动机、磁放大器、继电器及继电保护装置等需要重新调整时，一定要熟悉调整方法、步骤，应达到规定的技术参数，并作好记录，供下次调整时参考。

（5）检查完毕后，应先清理现场，恢复所有拆开的端子线头、熔断器，以及开关手把、行程开关的正常工作位置，再按规定的方法、步骤进行试车。

17.3 电气检修的安全知识

17.3.1 电气检修的基本要求

电气设备发生故障后，检修人员应能及时、熟练、准确、迅速、安全地查出故障，并加以排除，尽早恢复设备的正常运行。对电气设备检修的一般要求如下。

（1）采取的维修步骤和方法必须正确，切实可行。

（2）不得损坏完好的元器件。

（3）不得随意更换元器件及连接导线的型号规格。

（4）不得擅自改动线路。

（5）损坏的电气装置应尽量修复使用，但不得降低其固有的性能。

（6）电气设备的各种保护性能必须满足要求。

（7）绝缘合格，通电试车能满足电路的各种功能，控制环节的动作程序符合要求。

（8）修理后的电气装置必须满足其质量标准要求。电气装置的检修质量标准如下。

① 外观整洁，无破损和炭化现象。

② 所有的触头均应完整、光洁，接触良好。

③ 压力弹簧和反作用力弹簧应具有足够的弹力。

④ 操纵、复位机构都必须灵活可靠。

⑤ 各种衔铁运动灵活，无卡阻现象。

⑥ 灭弧罩完整、清洁，安装牢固。

⑦ 整定数值大小应符合电路使用要求。

⑧ 指示装置能正常发出信号。

17.3.2 检修人员应具备的条件

（1）必须精神正常，身体健康，凡患有高血压、心脏疾病、气管喘息、神经系统疾病、色盲症、听力障碍及四肢功能有严重障碍者，不能从事电工工作。

（2）必须取得行业资格证书。

（3）必须学会和掌握触电紧急救护措施及人工呼吸法等。

17.3.3 安全操作知识

（1）在进行电气设备安装与检修操作时，必须严格遵守各种安全操作规程和规定。

（2）操作时，要切实做好防止突然通电时的各项安全措施，如锁上开关，并挂上"有人工作，禁止合闸！"的警告牌等，不准约定时间通电。要严格遵守停电操作规程。

（3）在邻近带电部分操作时，要保证有可靠的安全距离。

（4）操作前应检查工具的绝缘手柄、绝缘鞋和绝缘手套等安全用具的绝缘性能是否良好，有问题的应立即更换，并应作定期检查。

（5）登高工具必须牢固可靠，未经登高训练的，不准进行登高作业。

（6）发现有人触电，要立即采取正确的抢救措施。

17.3.4 设备运行安全知识

（1）对于出现故障的电气设备、装置和线路，不能继续使用，必须及时进行检修。

（2）必须严格遵照操作规程进行运行操作，合上电源时，应先合隔离开关，再合负荷开关；分断电源时，应先断开负荷开关，再断开隔离开关。

（3）在需要切断故障区域电源时，要尽量缩小停电区域范围。要尽量切断故障区域的分路开关，尽量避免越级切断电源。

（4）电气设备一般都不能受潮，要有防止雨、雪和水侵袭的措施；电气设备在运行时会发热，要有良好的通风条件，有的还要有防火措施；有裸露带电体的设备，特别是高压设备，要有防止小动物窜入造成短路事故的措施。

（5）所有电气设备的金属外壳，都必须有可靠的保护接地。

（6）凡有可能被雷击的电气设备，要安装防雷装置。

17.3.5 安全用电知识

检修人员不仅要充分了解安全用电知识，还有责任阻止不安全用电的行为，宣传安全用电知识。

（1）严禁用一线（相线）一地（指大地）安装用电器具。

（2）在一个插座上不可接过多或功率过大的用电器具。

（3）未掌握电气知识和技术的人员，不可安装和拆卸电气设备及线路。

（4）不可用金属丝绑扎电源线。

（5）不可用湿手接触带电的电器，如开关、灯座等，更不可用湿布擦电器。

（6）电动机和电器设备上不可放置衣物，不可在电动机上坐立，雨具不可挂在电动机或开关等电器的上方。

（7）堆放和搬运各种物资、安装其他设备，要与带电设备和电源线相距一定的安全距离。

（8）在搬运电钻、电焊机和电炉等可移动电器时，要先切断电源，不允许拖拉电源线来搬移电器。

（9）在潮湿环境中使用可移动电器，必须采用额定电压为 36V 的低电压电器，若采用额定电压为 220V 的电器，其电源必须采用隔离变压器；在金属容器如锅炉、管道内使用的移动电器，一定要用额定电压为 12V 的低电压电器，并要加接临时开关，还要有专人在容器外监护；低电压移动电器应装特殊型号的插头，以防误插入电压较高的插座上。

（10）雷雨时，不要走近高电压电杆、铁塔和避雷针的接地导线的周围，以防雷电入地时周围存在的跨步电压触电；切勿走近断落在地面上的高电压电线，万一高电压电线断落在身边或已进入跨步电压区域时，要立即用单脚或双脚并拢迅速跳到 10m 以外的地区，千万不可奔跑，以防跨步电压触电。

17.3.6　电气消防知识

在发生电器设备火警时或邻近电气设备附近发生火警时，检修人员应运用正确的灭火知识，指导和组织群众采用正确的方法灭火。

（1）当电气设备或电气线路发生火警时，要尽快切断电源，防止火情蔓延和灭火时发生的触电事故。

（2）不可用水或泡沫灭火器灭火，尤其是有油类的火警，应采用黄沙、二氧化碳或四氯化碳气体灭火器灭火。

（3）灭火人员不可使身体及手持的灭火器材碰到有电的导线或电气设备。

17.3.7　触电急救知识

人触电后，往往会失去知觉或者形成假死，能否成功救治的关键是使触电者迅速脱离电源和及时正确的救护方法。

（1）使触电者迅速脱离电源，如急救者离开关或插座较近，应迅速拉下开关或拔出插头，以切断电源；如距离开关、插座较远，应使用绝缘工具使触电者脱离电源。千万不可直接用手或金属及潮湿物体作为急救工具。如果触电者脱离电源后有摔跌的可能，应同时做好防止摔伤的措施。

（2）当触电者脱离电源后，应在现场就地检查和抢救。将触电者仰天平卧，松开衣服和腰带；检查瞳孔、呼吸和心跳，同时通知医务人员前来抢救，急救人员应根据触电者的具体情况迅速采取相应的急救措施。对没有失去知觉的，要使其保持安静，不要走动，观察其变化；对触电后精神失常的，必须防止发生突然狂奔的现象。对失去知觉的触电者，若呼吸不齐、微弱或呼吸停止而有心跳的，应采用"口对口人工呼吸法"进行抢救；对有呼吸而心脏跳动微弱、不规则或心脏停跳的触电者，应采用"胸外心脏按压法"抢救；对呼吸和心跳均已停止的触电者，应同时采用"口对口人工呼吸法"和"胸外心脏按压法"进行抢救。

抢救者要有耐心，必须持续不断地进行，直至触电者苏醒为止；即使在送往医院的途中也不能停止抢救。

项目 18　CA6140 型车床电气故障检修

【本项目目标】

① 了解车床的主要结构和运动形式，熟悉车床的操作过程。
② 熟悉 CA6140 型车床电气拖动特点。
③ 掌握 CA6140 型车床电路工作原理、故障的分析方法。
④ 采用正确的检修步骤，排除 CA6140 型车床的电气故障。

18.1　车床的主要结构和运动形式

18.1.1　CA6140 型车床的主要结构

CA6140 型车床是一种应用极为广泛的金属切削通用机床，能够车削外圆、内圆端面螺纹、螺杆以及车削定型表面，也可以用于钻头、铰刀、镗刀等加工。图 18-1 为 CA6140 型车床的外形与型号。

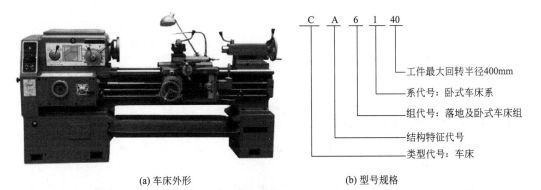

(a) 车床外形　　　　　(b) 型号规格

图 18-1　CA6140 车床外形与型号

（1）主要结构　图 18-2 为 CA6140 型普通车床的结构示意图。它主要由床身、主轴、进给箱、溜板箱、刀架、丝杠、光杠、尾座等部分组成。

（2）运动形式　车床的运动形式分为切削运动、进给运动、辅助运动。

车床的切削运动包括工件旋转的主运动和刀具的直线进给运动。根据工件的材料性质、车刀材料及几何形头、工件直径、加工方式及冷却条件的不同，要求主轴有不同的切削速度。

车床的进给运动是刀架带动刀具的直线运动。溜板箱把丝杠或光杆的转动传递给刀架部分，变换溜板箱外的手柄位置，经刀架部分使车床做纵向或横向进给。

车床的辅助运动为机床上除切削运动以外的其他一切必需的运动，如尾架的纵向移动，工件的夹紧与放松等。

18.1.2　车床的电气控制特点及要求

CA6140 型普通车床是一种中型车床，除有主轴电动机 M1 和冷却泵电动机 M2 外，还设置了刀架快速移动电动机 M3。它的控制特点如下。

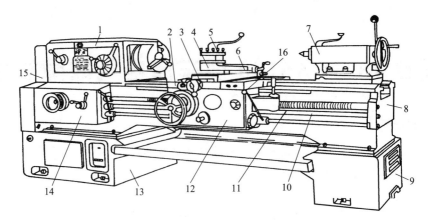

图 18-2 CA6140 型普通车床的结构示意图

1—主轴箱；2—纵溜板；3—横溜板；4—转盘；5—方刀架；6—小溜板；7—尾架；

8—床身；9—右床座；10—光杠；11—丝杠；12—溜板箱；13—左床座；

14—进给箱；15—挂轮架；16—操纵手柄

（1）主拖动电动机一般选用三相笼型异步电动机，为满足调速要求，采用机械变速。

（2）为车削螺纹，主轴要求正、反转。采用机械方法来实现。

（3）采用齿轮箱进行机械有级调速。主轴电动机采用直接启动，为实现快速停车，一般采用机械制动。

（4）设有冷却泵电动机且要求冷却泵电动机应在主轴电动机启动后方可选择启动与否；当主轴电动机停止时，冷却泵电动机应立即停止。

（5）为实现溜板箱的快速移动，由单独的快速移动电动机拖动，采用点动控制。

18.2 CA6140 型车床电气控制电路

CA6140 型卧式车床的电气控制原理图如图 18-3 所示。

18.2.1 主电路分析

图 18-3 中 QF1 为电源开关。FU1 为主轴电动机 M1 的短路保护用熔断器，FR1 为其过载保护用热继电器。由接触器 KM1 的主触点控制主轴电动机 M1。图中 KM2 为接通冷却泵电动机 M2 的接触器，FR2 为 M2 过载保护用热继电器。KM3 为接通快速移动电动机 M3 的接触器，由于 M3 点动短时运转，故不设置热继电器。

18.2.2 控制电路分析

控制电路的电源由控制变压器 TC 的二次侧输出 110V 电压提供。

（1）主轴电动机 M1 的控制 当按下启动按钮 SB2 时，接触器 KM1 线圈通电，KM1 主触点闭合，KM1 自锁触头闭合，M1 启动运转。KM1 常开辅助触头闭合为 KM2 获电作准备。停车时，按下停止按钮 SB1 即可。主轴的正反控制采用多片摩擦离合器来实现。

（2）冷却泵电动机 M2 的控制 主轴电动机 M1 与冷却电动机 M2 两台电动机之间实现顺序控制。只有当电动机 M1 启动运转后，合上旋钮开关 QS2，KM2 才会获电，其主触头闭合使电动机 M2 运转。

（3）刀架的快速移动电动机 M3 的控制 刀架快速移动的电路为点动控制，刀架移动方向的改变，是由进给操作手柄配合机械装置来实现的。如需要快速移动，按下按钮 SB3 即可。

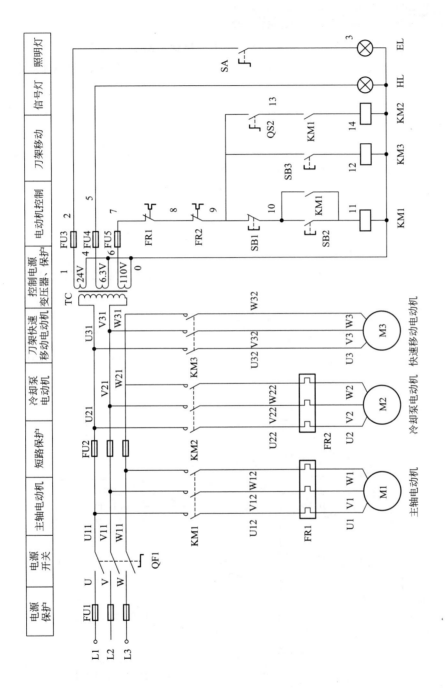

图 18-3 CA6140 型卧式车床电气原理图

18.2.3　照明、信号电路分析

照明灯 EL 和信号灯 HL 的电源分别由控制变压器 TC 二次侧输出 24V 和 6.3V 电压提供。开关 SA 为照明开关。熔断器 FU3 和 FU4 分别作为 HL 和 EL 的短路保护。

18.3　CA6140 型车床典型故障分析

18.3.1　按下主轴启动按钮，主轴电动机M1 不能启动，KM1 不吸合

（1）故障分析　从故障现象中可以判断出问题可能存在于主轴电动机 M1、主电路电源、控制电路 110V 电源以及与 KM1 相关的电路上，可从以下几个方面进行分析检查。

① 首先检查主电路和控制电路的熔断器 FU1、FU2、FU5 是否熔断，若发现熔断，更换熔断器的熔体。

② 若未发现熔断器熔断，检查热继电器 FR1、FR2 的触头或接线是否良好，或热保护是否动作过。如果热继电器已动作，则应找出动作的原因。

[特别提示]

热继电器动作的原因是：有时是由于其规格选择不当；有时是由于机械部分被卡住；或频繁启动的大电流使电动机过载，而造成热继电器脱扣。热继电器复位后可将整定电流调大一些，但一般不得超过电动机的额定电流。

③ 若热继电器未动作，检查停止按钮 SB1、启动按钮 SB2 的触头或接线是否良好。

④ 检查接触器 KM1 的线圈或接线是否良好。

⑤ 主电路中接触器 KM1 的主触头或接线是否良好。

⑥ 若控制电路、主电路都完好，电动机仍然不能启动，故障必然发生在电源及电动机上，如电动机断线、电源电压过低，都会造成主轴电动机 M1 不能启动，KM1 不吸合。

（2）故障检查　采用电压法，检查流程如图 18-4 所示。

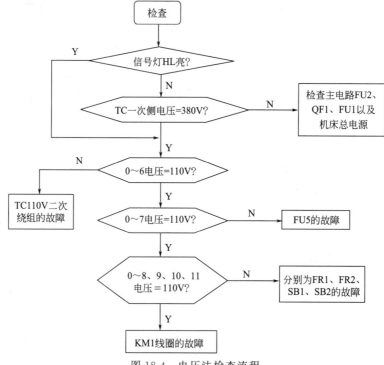

图 18-4　电压法检查流程

［特别提示］

为了确定故障是否在控制电路，最有效的方法是将主轴电动机接线拆下，然后合上电源开关，使控制电路带电，进行接触器动作实验。按下主轴启动按钮 SB2，若接触器不动作，那么故障必定在控制电路中。

18.3.2　按下启动按钮 SB2，主轴电动机 M1 转动很慢，并发出嗡嗡响声

（1）故障分析　从故障现象中可以判断出这种状态为缺相运行或跑单相，问题可能存在于主轴电动机 M1、主电路电源以及 KM1 的主触头上，如三相开关中任意一相触头接触不良；三相熔断器任意一相熔断；接触器 KM1 的主触头有一对接触不良；电动机定子绕组任意一相接线断开、接头氧化、有油污或压紧螺母未拧紧，都会造成缺相运行。可从以下几个方面进行分析检查。

① 首先检查总电源是否正常。

② 检查主电路 FU1 和 FU2 是否熔断，若发现熔断，更换熔断器的熔体。

③ 若未发现熔断器熔断，检查接触器 KM1 的主触头或接线是否良好。

④ 检查电动机定子绕组是否正常。通常采用万用表电阻挡检查相间直流电阻是否平衡来判断。

［特别提示］

遇到这种故障时，应立即切断电动机的电源，否则电动机要烧毁。

（2）故障检查　采用电阻、电压综合测量法，检查流程如图 18-5 所示。

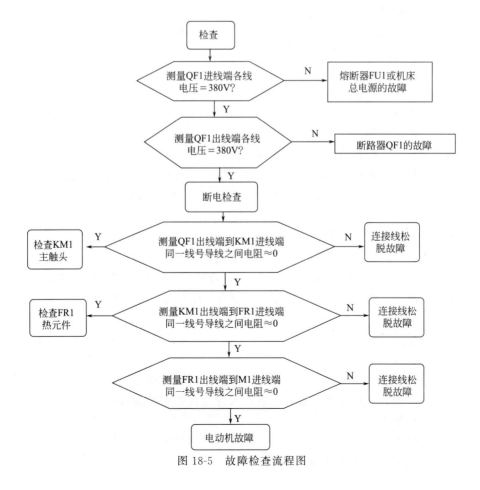

图 18-5　故障检查流程图

18.3.3　按下启动按钮SB2，主轴电动机M1能启动，但不能自锁

（1）故障分析　从故障现象中可以判断出主轴电动机 M1、主电路电源、控制电路 110V 电源是正常的，故障可能出现在以下几个方面。

① 首先检查接触器 KM1 辅助常开触头（自锁触头）是否正常。

② 检查接触器 KM1 辅助常开触头接线是否有松动。

③ 检查控制电路的接线是否有错误。

（2）故障检查　采用电阻测量法，检查流程图由读者自己完成。

18.3.4　按下停止按钮SB1，主轴电动机M1不能停止

（1）故障分析　从故障现象中可以判断出主轴电动机 M1、主电路电源、控制电路 110V 电源是正常的，故障可能出现在以下几个方面。

① 首先检查接触器 KM1 主触头是否正常。如果主触头熔焊，只有切断电源开关，才能使电动机停止。这种故障只有更换接触器。

② 检查停止按钮 SB1 触头或其接线是否良好。

（2）故障检查　采用电阻测量法，检查流程图由读者自己完成。

18.4　电气故障排除训练

18.4.1　训练内容

CA6140 普通车床电气控制线路的故障分析与处理。

18.4.2　工作准备

工具：试电笔、电工刀、尖嘴钳、剥线钳、螺钉旋具、活扳手和烙铁等。

仪表：万用表、兆欧表、钳形电流表。

18.4.3　实训设备

CA6140 型普通车床电气控制模拟装置。

18.4.4　训练步骤

（1）熟悉 CA6140 型普通车床电气控制模拟装置，了解装置的基本操作，明确各种电器的作用。掌握 CA6140 型普通车床电气控制原理。

（2）查看装置背面各电器元件上的接线是否牢固，各熔断器是否安装良好，故障设置单元中的微型开关是否处于向上位置（向上为正常状态，向下为故障状态），并完成所负载和控制变压器的接线。

（3）独立安装好接地线，设备下方垫好绝缘垫，将各开关置于分断位置。

（4）在老师的监督下，接上三相电源。合上 QF1，电源指示灯亮。

（5）按 SB3，快速移动电动机 M3 工作；按 QS2，冷却电动机 M2 工作，相应指示灯亮；按 SB2，主轴电动机 M1 正转，相应指示灯亮，按 SB1，主轴电动机 M1 停止。

（6）在掌握车床的基本操作之后，按图 18-6 所示，由老师在 CA6140 型卧式车床主电路或控制电路中任意设置 2~3 个电气故障点。由学生自己诊断电路，分析处理故障，并在电气故障图中标出故障点。

（7）设置故障点时，应注意做到隐蔽，一般不宜设置在单独支路或单一回路中。故障现象尽可能不要相互掩盖。尽量不设置容易造成人身或设备事故的故障点。

18.4.5　工作要求

（1）学生应根据故障现象，先在原理图中正确标出最小故障范围的线段，然后采用正确的检查和排故方法，并在定额时间内排除故障。

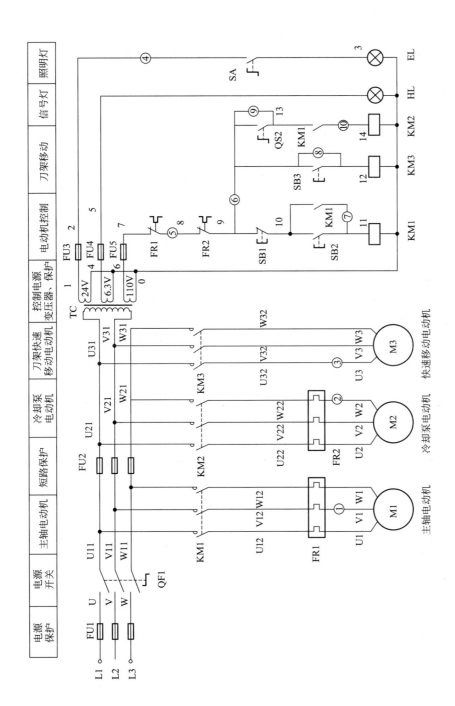

图 18-6　CA6140型卧式车床电气故障设置图

（2）排除故障时，必须修复故障点，不得采用更换电器元件、借用触点及改动线路的方法。

（3）检修时，严禁扩大故障范围或产生新的故障，不得损坏电器元件。

18.4.6　操作注意事项

（1）设备操作应在教师指导下操作，做到安全第一。设备通电后，严禁在电器侧随意扳动电器件。进行故障排除训练时，尽量采用不带电检修。若带电检修，则必须有指导教师在现场监护。

（2）必须安装好各电动机、支架接地线、设备下方垫好绝缘橡胶垫，厚度不小于8mm，操作前要仔细查看各接线端，有无松动或脱落，以免通电后发生意外或损坏电器。

（3）在操作中若发出不正常声响，应立即断电，查明故障原因。故障噪声主要来自电动机缺相运行，接触器、继电器吸合不正常等。

（4）发现熔芯熔断，应找出故障后，方可更换同规格熔芯。

（5）在维修设备时不要随便互换线端处号码管。

（6）操作时用力不要过大，速度不宜过快；操作频率不宜过于频繁。

（7）实训结束后，应拔出电源插头，将各开关置于分断位。

（8）做好实训记录。

18.4.7　设备维护

（1）操作中，若发出较大噪声，要及时处理，如接触器发出较大嗡声，一般可将该电器拆下，修复后使用或更换新电器。

（2）设备在经过一定次数的排故训练使用后，可能出现导线过短，一般可按原理图进行第二次连接，即可重复使用。

（3）更换电器配件或新电器时，应按原型号配置。

（4）电动机在使用一段时间后，需加少量润滑油，做好电动机保养工作。

18.4.8　技能考核

（1）可采用小组考核与个人考核相结合的方法，对学生分析与处理故障的能力进行检查，要求在规定的时间内完成故障的检查和排除。

（2）说明每个故障存在的部位、故障性质以及造成后果。

（3）考查规范操作、安全知识、团队协作以及卫生环境。

项目 19　M7120 型磨床电气故障检修

【本项目目标】

① 了解磨床的主要结构和运动形式，熟悉磨床的操作过程。
② 熟悉 M7120 型磨床电气拖动特点。
③ 掌握 M7120 型磨床电路工作原理、故障的分析方法。
④ 采用正确的检修步骤，排除 M7120 型磨床的电气故障。

19.1　M7120 型磨床的主要结构和运动形式

19.1.1　M7120 型平面磨床的主要结构

平面磨床是用砂轮进行磨削加工各种零件平面的一种机床，M7120 型平面磨床是平面磨床中使用较为普遍的一种机床，该磨床操作方便，磨削精度高，适应磨削精密零件和各种工具。图 19-1 为 M7120 型平面磨床外形与型号。

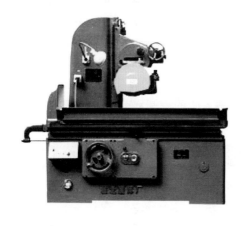

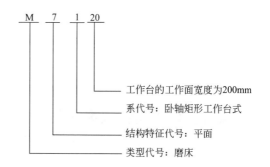

工作台的工作面宽度为200mm
系代号：卧轴矩形工作台式
结构特征代号：平面
类型代号：磨床

(a) 磨床外形　　　　　　　　(b) 型号规格

图 19-1　M7120 型平面磨床外形与型号

（1）主要结构　如图 19-2 为 M7120 型平面磨床的结构图，是卧轴矩形工作台式。主要由床身、工作台、电磁吸盘、砂轮箱（又称磨头）、滑座和立柱等部分组成。

（2）运动形式　磨床的运动形式有主运动、进给运动、辅助运动。

主运动是指砂轮的旋转运动。进给运动有垂直进给（滑座在立柱上的上、下运动）；横向进给（砂轮箱在滑座上的水平移动）；纵向运动（工作台沿床身的往复运动）。工作时，砂轮作旋转运动并沿其轴向作定期的横向进给运动。工件固定在工作台上，工作台作直线往返运动。矩形工作台每完成一纵向行程时，砂轮作横向进给，当加工整个平面后，砂轮作垂直方向的进给，以此完成整个平面的加工。

19.1.2　平面磨床的电气控制特点及要求

磨床的砂轮主轴一般并不需要较大的调速范围，所以采用笼型异步电动机拖动。为达到缩小体积、结构简单及提高机床精度，减少中间传动，采用装入式异步电动机直接拖动砂轮，这样电动机的转轴就是砂轮轴。还有砂轮升降电动机，用于磨削过程中调整砂轮和工件之间的位置。

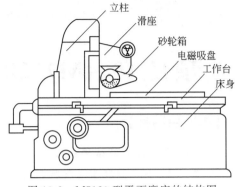

图 19-2　M7120 型平面磨床的结构图

由于平面磨床是一种精密机床，为保证加工精度采用了液压传动。采用一台液压泵电动机，通过液压装置以实现工作台的往复运动和砂轮横向的连续与断续进给。

为在磨削加工时对工件进行冷却，需采用冷却液冷却，由冷却泵电动机拖动。为提高生产率及加工精度，磨床中广泛采用多电动机拖动，使磨床有最简单的机械传动系统。

基于上述拖动特点，对其控制有如下要求。

① 砂轮电动机、液压泵电动机和冷却泵电动机都只要求单方向旋转。

② 冷却泵电动机随砂轮电动机运转而运转，但冷却泵电动机不需要时，可单独断开冷却泵电动机。

③ 具有完善的保护环节。有各电路的短路保护，电动机的过载保护，零压保护，电磁吸盘的欠电流保护，电磁吸盘断开时产生高电压而危及电路中其他电气设备的保护等。

④ 保证在使用电磁吸盘的正常工作时和不用电磁吸盘在调整机床工作时，都能开动机床各电动机。但在使用电磁吸盘的工作状态时，必须保证电磁吸盘吸力足够大时，才能开动机床各电动机。

⑤ 具有电磁吸盘吸持工件、松开工件，并使工件去磁的控制环节。

⑥ 必要的照明与指示信号。

19.2　M7120 型平面磨床电气控制电路

如图 19-3 所示，为 M7120 平面磨床电气控制原理图。分为主电路、控制电路、电磁工作台控制电路及照明与指示灯电路四部分。

19.2.1　主电路分析

电源由总开关 QF 引入，为机床开动做准备。整个电气线路由熔断器 FU_1 作短路保护。主电路中共有四台电动机，其中 M1 是液压泵电动机，实现工作台的往复运动；M2 是砂轮电动机，带动砂轮转动来完成磨削加工工件；M3 是冷却泵电动机；它们只要求单向旋转。冷却泵电动机 M3 只是在砂轮电动机 M2 运转后才能运转。M4 是砂轮升降电动机，用于磨削过程中调整砂轮和工件之间的位置。

M1、M2、M3 是长期工作的，所以都装有过载保护。

19.2.2　控制电路分析

（1）工作台往返电动机 M1 的控制　合上总开关 QF 后，整流变压器一个副边输出 24V 交流电压，经桥式整流器 VC 整流后得到直流电压，使电压继电器 KV 获电动作，其常开触头闭合，为启动电动机做好准备。如果 KV 不能可靠动作，各电动机均无法运行。因为平面磨床的工件靠直流电磁吸盘的吸力将工件吸牢在工作台上，只有具备可靠的直流电压后，才

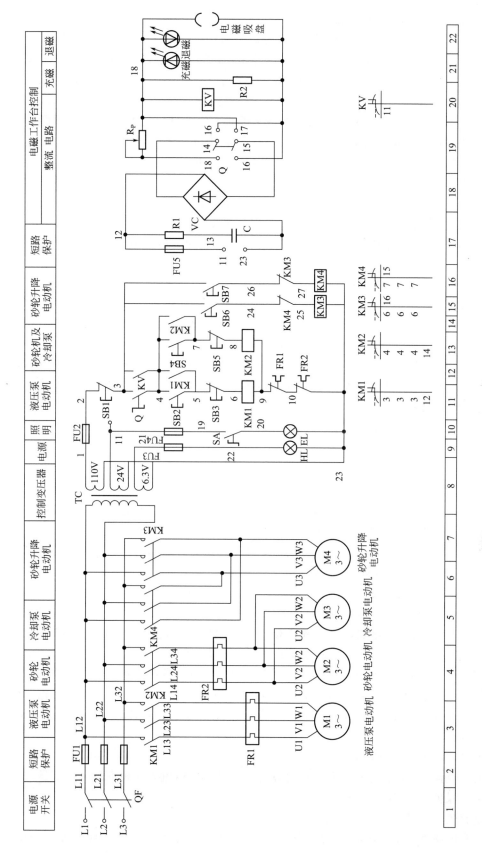

图 19-3 M7120平面磨床电气原理图

允许启动砂轮和液压系统，以保证安全。

当 KV 吸合后，按下启动按钮 SB2，接触器 KM1 通电吸合并自锁，工作台电动机 M1 启动自动往返运转。按下停止按钮 SB3，接触器 KM1 线圈断电释放，电动机 M1 断电停转。

（2）砂轮电动机 M2 及冷却泵电动机 M3 的控制 当 KV 吸合后，按下启动按钮 SB4，接触器 KM2 通电吸合并自锁，砂轮电动机 M2 启动运转。因为冷却泵电动机 M3 与 M2 联动控制，所以 M3 与 M2 同时启动运转。若按下停止按钮 SB5，接触器 KM2 线圈断电释放，电动机 M2 与 M3 同时断电停转。

两台电动机的热断电器 FR2 的常闭触头都串联在 KM2 中，只要有一台电动机过载，就使 KM2 失电。

（3）砂轮升降电动机 M4 的控制 砂轮升降电动机只有在调整工件和砂轮之间位置时使用，所以用点动控制。当按下点动按钮 SB6，接触器 KM3 线圈获电吸合，电动机 M4 启动正转，砂轮上升。到达所需位置时，松开 SB6，KM3 线圈断电释放，电动机 M4 停转，砂轮停止上升。

按下点动按钮 SB7，接触器 KM4 线圈获电吸合，电动机 M4 启动反转，砂轮下降。到达所需位置时，松开 SB7，KM4 线圈断电释放，电动机 M4 停转，砂轮停止下降。

为了防止电动机 M4 的正、反转线路同时接通，须在对方线路中串入接触器 KM3 和 KM4 的常闭触头进行联锁控制。

（4）电磁吸盘控制电路分析 电磁吸盘用来吸住工件以便进行磨削，它比机械夹紧迅速、操作快速简便、不损伤工件、一次能吸好多个小工件，以及磨削中工件发热可自由伸缩、不会变形等优点。不足之处是只能对导磁性材料如钢铁等的工件才能吸住。对非导磁性材料如铝和铜的工件没有吸力。电磁吸盘的线圈通的是直流电，不能用交流电，因为交流电会使工件振动和铁芯发热。

电磁吸盘的控制电路包括整流装置、控制装置和保护装置三个部分。整流装置由控制变压器 TC 和桥式整流器 VC 组成，提供直流电压。

转换开关 Q 是用来给电磁吸盘接上正向工作电压和反向工作电压的。它有"充磁"、"放松"和"退磁"三个位置。当磨削加工时转换开关 Q 扳到"充磁"位置，Q（14—16）、Q（15—17）接通，电磁吸盘线圈电流方向从下到上。这时，因 Q（3—4）断开，由 KV 的触点（3—4）保持 KM1 和 KM2 的线圈通电。若电磁吸盘线圈断电或电流太小吸不住工件，则电压继电器 KV 释放，其常开触点（3—4）也断开，各电动机因控制电路断电而停止。否则，工件会因吸不牢而被高速旋转的砂轮碰击而飞出，可能造成事故。当工件加工完毕后，工件因有剩磁而需要进行退磁，故需再将 Q 扳到"退磁"位置，这时 Q（15—16）、Q（14—18）、Q（3—4）接通。电磁吸盘线圈通过了反方向（从上到下）的较小（因串入了 R_p）电流进行去磁。去磁结束，将 Q 扳回到"松开"位置（Q 所有触点均断开），就能取下工件。

如果不需要电磁吸盘，将工件夹在工作台上，则可将转换开关 Q 扳到"退磁"位置，这时 Q 在控制电路中的触点（3—4）接通，各电动机就可以正常启动。电磁吸盘控制线路的保护装置有：

① 欠电压保护，由 KV 实现；

② 电磁吸盘线圈的过电压保护，由并联在线圈两端放电电阻实现 R2；

③ 短路保护，由 FU5 实现；

④ 整流装置的过电压保护。由 12、23 号线间的 R1、C 来实现；

⑤ 照明电路由照明变压器 TC 降压后，经 SA 供电给照明灯 EL，在照明变压器副边设

有熔断器 FU4 作短路保护。

HL 为指示灯，其工作电压为 6.3V，也由变压器 TC 供给，当 HL 亮，表示控制电路的电源正常；不亮，表示电源有故障。

［特别提示］

在该电路中用发光二极管来代替电磁吸盘线圈，实际磨床中采用欠电流继电器 KA 线圈和电磁吸盘线圈串联的，而不采用电压继电器 KV。

19.3　M7120 型平面磨床典型故障分析

19.3.1　砂轮只能上升，不能下降

（1）故障分析　从故障现象中可以判断出砂轮升降电动机 M4、主电路电源、控制电路 110V 电源是正常的，故障可能出现在以下几个方面。

① 首先检查 SB6、SB7 触头或其接线是否有松动。

② 检查接触器 KM3 辅助常闭触头或其接线是否有松动。

③ 检查接触器 KM4 线圈或其接线是否有松动。

④ 检查接触器 KM4 主触头或其接线是否有松动。

（2）故障检查　采用电阻测量法。检查流程如图 19-4 所示。

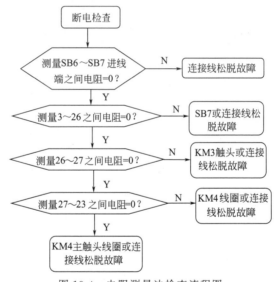

图 19-4　电阻测量法检查流程图

19.3.2　电磁吸盘无吸力

（1）故障分析　从故障现象中可以判断出这种故障与主电路电源、控制电路电源、整流电路、电磁吸盘都有关系，可以从以下几个方面进行检查。

① 首先检查机床主电路电源、控制电路电源是否正常。

② 检查熔断器 FU4、FU5 是否熔断。

③ 测量 TC 二次侧电压是否等于 24V。

④ 测量 VC 输入端电压是否等于 24V。

⑤ 测量 VC 输出端电压是否正常。若输出端电压不正常，可用电烙铁焊开二极管的一端，用万用表测量二极管的正反向电阻来判断二极管的好坏。万用表的黑表笔接二极管的正极，红表笔接负极。测量出的电阻是正向电阻，表笔对调后测量出的电阻是反向电阻。

［特别提示］

　　若测量出的正向电阻小，反向电阻大，说明二极管是好的。若测量出的电阻都较小，说明二极管短路。二极管短路时，该管管壳温度很高；若测量出正反向电阻都很大，说明二极管断路。

　　⑥ 检查转换开关 **Q** 触头或其接线是否有松动。

　　⑦ 检查电磁吸盘线圈或其接线是否有松动。可用万用表测量电磁吸盘线圈两端的电压，若电磁吸盘线圈两端的电压正常，说明电磁吸盘线圈断路；若电磁吸盘线圈两端无电压，说明电磁吸盘线圈短路。

　　（2）故障检查　采用电压测量法检查流程如图 19-5 所示。

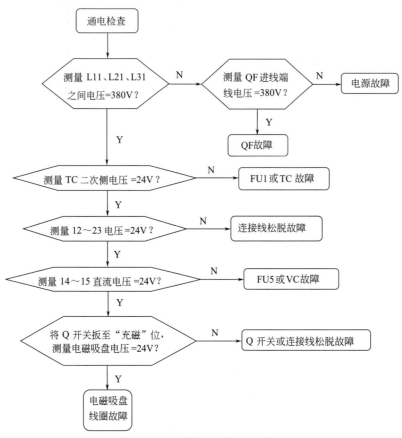

图 19-5　电压测量法检查流程图

19.3.3　电磁吸盘吸力不足

　　（1）故障分析　从故障现象中可以判断出这种故障是整流器输出电压较低的缘故，可以从以下几个方面进行检查。

　　① 首先用万用表检查整流变压器的电源电压是否过低。如果电压过低，必然会导致直流输出端电压下降，造成吸力不足。

　　② 若电源电压正常，应检查转换开关 Q 触头或其接线是否有松动。

　　③ 若上述检查都正常，则故障点必定在整流电路。用万用表检查整流器输出电压，若测出电压为正常电压的一半左右，是由于整流电路中有一个桥臂的二极管断路或是连接线松脱。断开电源，用电烙铁焊开二极管的一端，用万用表测量二极管的正反向电阻来判断二极

管的好坏。

④ 若二极管完好，则故障点必定在整流变压器的次级线圈中出现局部短路，可用手摸变压器，变压器有过热现象，更换变压器，电路就能恢复正常。

[特别提示]

整流器损坏的原因，大都是由于冷却液渗入到电磁吸盘的线圈中去，造成线圈短路，引起电流过大，损坏整流器；另外若整流器长期处于过载状态下工作，整流器也容易损坏。因此，在电磁吸盘的控制电路中加装电流继电器进行保护，可避免或减少此类故障的发生。

（2）故障检查 采用电阻测量法，此项检查流程图由读者自己完成。

19.4 电气故障排除训练

19.4.1 训练内容

M7120 平面磨床电气控制线路的故障分析与处理。

19.4.2 工作准备

工具：试电笔、电工刀、尖嘴钳、剥线钳、螺钉旋具、活扳手和烙铁等。

仪表：万用表、兆欧表、钳形电流表。

19.4.3 实训设备

M7120 平面磨床电气控制模拟装置。

19.4.4 训练步骤

（1）熟悉 M7120 平面磨床电气控制模拟装置，了解装置的基本操作，明确各种电器的作用。掌握 M7120 平面磨床电气控制原理。

（2）查看装置背面各电器元件上的接线是否牢固，各熔断器是否安装良好，故障设置单元中的微型开关是否处于向上位置（向上为正常状态，向下为故障状态），并完成所负载和控制变压器的接线。

（3）独立安装好接地线，设备下方垫好绝缘垫，将各开关置分断位置。

（4）在老师的监督下，接上三相电源。合上 QF1，电源指示灯亮。

（5）将转换开关 Q 扳到"充磁"位置，"充磁"指示灯亮；按下 SB4，砂轮电动机 M2 和冷却电动机 M3 工作；按下 SB2，液压泵电动机 M1 旋转；按下 SB3，液压泵电动机 M1 停止；按下 SB5，砂轮电动机 M2 和冷却电动机 M3 同时停止。

（6）将转换开关 Q 扳到"退磁"位置，"退磁"指示灯亮；再次操作砂轮电动机 M2、冷却电动机 M3、液压泵电动机 M1 启停控制按钮，观察动作情况。

（7）分别按下 SB6、SB7，观察砂轮升降电动机 M4 动作情况。

（8）合上转换开关 SA，观察照明灯 EL 是否亮。

（9）在掌握 M7120 型平面磨床的基本操作之后，按图 19-6 所示，由老师在主电路或控制电路中任意设置 2～3 个电气故障点。由学生自己诊断电路，分析处理故障，并在电气故障图中标出故障点。

（10）设置故障点时，应注意做到隐蔽，一般不宜设置在单独支路或单一回路中。故障现象尽可能不要相互掩盖。尽量不设置容易造成人身或设备事故的故障点。

19.4.5 工作要求

（1）学生应根据故障现象，先在原理图中正确标出最小故障范围的线段，然后采用正确的检查和排故方法，并在定额时间内排除故障。

（2）排除故障时，必须修复故障点，不得采用更换电器元件、借用触点及改动线路的

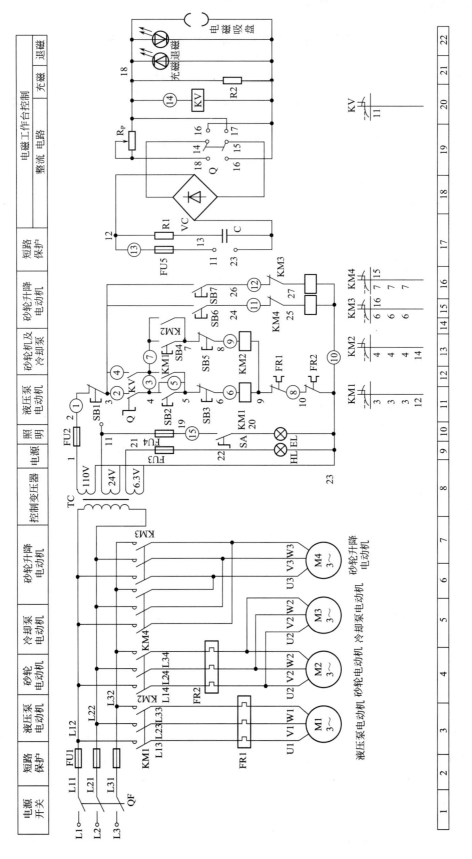

图 19-6 M7120型平面磨床电气故障图

方法。

（3）检修时，严禁扩大故障范围或产生新的故障，不得损坏电器元件。

19.4.6　操作注意事项

（1）设备操作应在教师指导下操作，做到安全第一。设备通电后，严禁在电器侧随意扳动电器件。进行故障排除训练时，尽量采用不带电检修。若带电检修，则必须有指导教师在现场监护。

（2）必须安装好各电动机、支架接地线、设备下方垫好绝缘橡胶垫，厚度不小于 8mm，操作前要仔细查看各接线端，有无松动或脱落，以免通电后发生意外或损坏电器。

（3）在操作中若发出不正常声响，应立即断电，查明故障原因。故障噪声主要来自电动机缺相运行，接触器、继电器吸合不正常等。

（4）发现熔芯熔断，应找出故障后，方可更换同规格熔芯。

（5）在维修设备时不要随便互换线端处号码管。

（6）操作时用力不要过大，速度不宜过快；操作频率不宜过于频繁。

（7）实训结束后，应拔出电源插头，将各开关置分断位。

（8）作好实训记录。

19.4.7　设备维护

（1）操作中，若发出较大噪声，要及时处理，如接触器发出较大嗡声，一般可将该电器拆下，修复后使用或更换新电器。

（2）设备在经过一定次数的排故训练使用后，可能出现导线过短，一般可按原理图进行第二次连接，即可重复使用。

（3）更换电器配件或新电器时，应按原型号配置。

（4）电动机在使用一段时间后，需加少量润滑油，作好电动机保养工作。

19.4.8　技能考核

（1）可采用小组考核与个人考核相结合的方法，对学生分析与处理故障的能力进行检查，要求在规定的时间内完成故障的检查和排除。

（2）说明每个故障存在的部位、故障性质以及造成后果。

（3）考查规范操作、安全知识、团队协作以及卫生环境。

项目 20　MGB1420 型磨床电气故障检修

【本项目目标】

① 了解磨床的主要结构和运动形式。
② 熟悉 MGB1420 型磨床电气拖动特点。
③ 学会 MGB1420 型磨床电路工作原理、故障的分析方法。
④ 掌握 MGB1420 型磨床的电气安装。
⑤ 掌握 MGB1420 型磨床的电气调试。

20.1　MGB1420 型磨床的主要结构和运动形式

20.1.1　MGB1420 型磨床的主要结构

MGB1420 型磨床是高精度半自动万能磨床，主要用于工件表面的精加工，如内圆柱面、外圆柱面、圆锥面、渐开线齿廓面、螺旋面及各种成形表面的磨削加工，加工范围很广泛。图 20-1 为 MGB1420 型磨床的外形。

（1）主要结构及作用　它主要由床身、工件头架、工作台、内圆磨具、砂轮架、尾架和电器部分组成。图 20-2 为 MGB1420 型磨床的结构示意图。

① 床身　床身上安装工作台和砂轮架，并通过工作台支撑头架和尾架等部件，床身内部有提供液压油的储油池。

② 头架　头架用于安装和夹持工件，并带动工件旋转。

图 20-1　MGB1420 型磨床的外形

③ 砂轮架　砂轮架可沿着床身的滚动导轨前后移动，实现工作台进给和快速进退。

④ 内圆磨具　内圆磨具支撑磨具内孔的砂轮主轴，由独立电动机经传动带传动。

⑤ 工作台　工作台由上工作台和下工作台两部分组成，上工作台相对下工作台能偏转一定角度，可磨削锥度较小的长圆锥面。

⑥ 尾架　尾架与头架配合共同支撑工件。

（2）运动形式　MGB1420 型磨床的主运动是砂轮架主轴带动砂轮进行高速旋转运动；头架主轴带动工件做旋转运动。进给运动是工作台做纵向往复运动和砂轮架做横向运动。辅助运动是砂轮架的快速进退运动和尾架套筒的快速退回运动。

20.1.2　MGB1420 型万能磨床的电气控制特点及要求

MGB1420 型万能磨床共用多台电动机拖动，它们分别是液压泵电动机 M1、冷却泵电动机 M2、外磨电动机 M3、内磨电动机 M4 和 M6、变频发电动机 G 原动机 M5、工件直流电动机 M。它的控制特点如下。

（1）砂轮电动机只需单方向旋转，外磨砂轮主轴由外磨电动机 M3 经传动带直接传动，

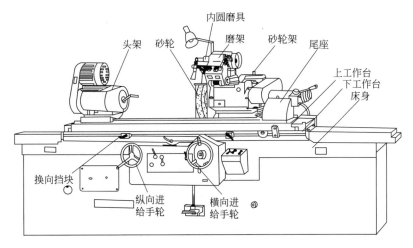

图 20-2　MGB1420 型磨床的主要结构

内磨砂轮主轴由内磨电动机 M4 和 M5 经传动带直接拖动，为满足调速要求，采用两台电动机变速，内磨砂轮和外磨砂轮不允许同时工作，故采用一个插座供电。

（2）头架主轴带动工件旋转运动是通过安装在头架上的工件直流电动机 M 拖动，经传动带直接传动，根据工件直径大小和磨削要求不同，头架主轴旋转需要调速，故采用晶闸管无极直流调速。

（3）工作台的纵向往复运动采用液压传动，实现平稳运动和无级调速。砂轮架周期自动进给和快速进退，尾架套筒快速退回及导轨润滑采用液压传动实现。液压泵由液压泵电动机 M1 拖动，只有液压泵电动机 M1 启动后，冷却泵电动机 M2 才能启动。

（4）设有冷却泵电动机 M2 且要求冷却泵电动机应在液压泵电动机 M1 启动后方可选择启动与否；当主轴电动机停止时，冷却泵电动机应立即停止。

（5）当内圆磨头插入工件内腔时，为保证安全，砂轮架不能快速移动。

20.2　MGB1420 型磨床电气控制电路

MGB1420 型万能磨床的电气控制原理图如图 20-3 所示。

20.2.1　主回路

液压泵和冷却泵电动机的启动和停止由转换开关 QS2 和接触器 KM1 控制。

内外磨砂轮电动机的启动和停止由交流接触器 KM2 和插销插座 XS1 控制。为了避免内、外磨电动机同时启动，采用了下面的互锁方法，即插座 XS1 固定在床身上，外磨电动机插头、内磨变频机组电动机插头都插在此插座上，使之不能同时插上。为了提高内磨电动机的速度采用了变频机组供电，M5 为变频机组原动机，G 为变频发电机，它可以把 50Hz 的工频电源提高到 150Hz，供内磨电动机 M4、M6 使用。

工件无级变速直流电动机 M 的启动和停止由主令开关 SA1 控制。用晶闸管直流调速电源对电动机供电。

20.2.2　控制回路

（1）液压、冷却泵电动机控制回路　接通电源开关 QS1，220V 交流控制电压通过开关 SA2 控制接触器 KM1，从而控制液压、冷却泵电动机。

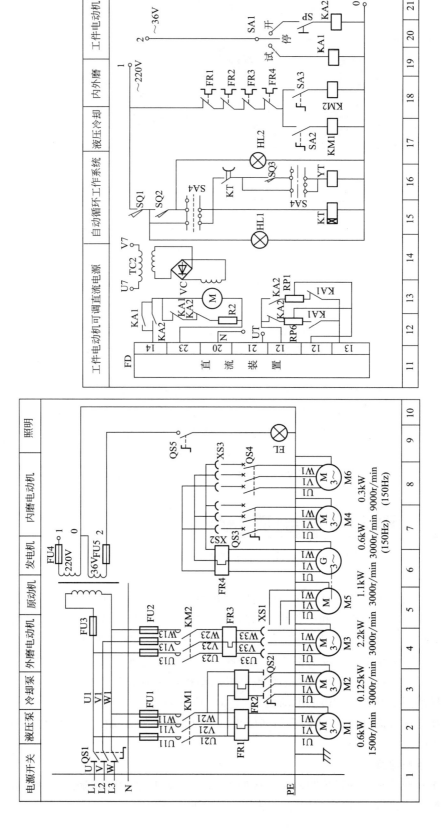

图 20-3 MGB1420型万能磨床电气控制原理图

（2）内外磨砂轮电动机控制回路 接通电源开关 QS1，220V 交流控制电压通过开关 SA3 控制接触器 KM2 的通断，达到内外磨砂轮电动机的启动和停止。

在上述两回路中，FR1～FR4 热继电器起过载保护作用。

20.2.3 工件电动机控制回路

由晶闸管直流装置 FD 提供电动机 M 所需要的直流电源。220V 交流电源由 U7、N 两点引入，M 的启动、点动及停止由主令开关 SA1 控制中间继电器 KA1、KA2 来实现，开关 SA1 有开、停、试 3 挡。

SA1 扳在开挡时，中间继电器 KA2 线圈吸合，从电位器 RP1 引出给定信号电压，同时制动电路被切断。直流电动机 M 处于工作状态，可实现无级调速，SP 为油压继电器。

SA1 扳在试挡时，中间继电器 KA1 线圈吸合，从电位器 RP6 引出给定信号电压，制动回路被切断，直流电动机 M 处于低速点动状态。

SA1 扳在停挡时，直流电动机 M 电源被切断，处于停转状态。

20.2.4 自动循环工作电路系统

通过微动开关 SQ1、SQ2，行程开关 SQ3，万能转换开关 SA4，时间继电器 KT 和电磁阀 YT 与油路、机械方面配合实现磨削自动循环工作。

20.2.5 照明及指示电路

控制变压器将 380V 的交流电变为 36V 和 220V 的安全电压供给照明电路，照明灯 EL 由开关 SQ5 控制，由熔断器 FU5 提供短路保护。HL1 为刻度照明灯，HL2 为液压泵照明灯，由熔断器 FU4 提供短路保护。

20.2.6 晶闸管直流调速系统

该系统中工件电动机采用他励式直流电动机，通过改变其电枢电压实现调速的目的。MGB1420 型万能磨床晶闸管直流调速装置原理图如图 20-4 所示。

（1）主回路 采用单相桥式半控制整流电路。

用整流变压器直接对 220V 交流电整流，最高输出电压 190V 左右，直流电动机 M 的励磁电压由 220V 交流电源经二极管 V21～V24 整流取得 190V 左右的直流电压，R2 为能耗制动电阻。

（2）控制回路

① 基本环节 由晶体管 V33、V35、V37，单结晶管 V34，电容器 C3 及脉冲变压器 TA 等组成单结晶管触发电路。V37 为一级放大，V35 可看成是一个可变电阻，V34 为移相触发器，V33 为功率放大器，调速给定信号由电位器 RP1 上取得，经 V37、V35 由 V34 产生触发脉冲，再经 V33 放大由脉冲变压器 TA 输出以触发晶闸管 V31、V32。

② 辅助环节 由运算放大器 AJ、V38、V39、V29、RP2 等组成电流截止负反馈环节，当负载电流大于额定电流 1.4 倍时，V39 饱和导通，输出截止，V19、R26 组成电流正反馈环节。由 C15、R37、R27、RP5 等组成电压微分负反馈环节，以改善电动机运转时的动态特性，调节 RP5 阻值大小，可以调节反馈量的大小，以便稳定电动机的转速。由 R29、R36、R38 组成电压负反馈电路。由 C2、C5、C10、C11 等组成积分校正环节。

由控制变压器 TC1 的二次绕组②经整流二极管 V6、V12、晶体管 V36 等组成同步信号输入环节。V36 的基极加有通过 R19、V13 来的正向直流电压和由变压器 TC1 的二次线圈经 V6、V12 整流后的反向直流电压。当控制电路交流电源电压过零的瞬间反向电压为 0，V36 瞬时导通旁路电容 C3，以清除残余脉冲电压。

③ 控制电路电源 由变压器 TC1 的二次绕组③经整流二极管 V14～V17 整流稳压滤波

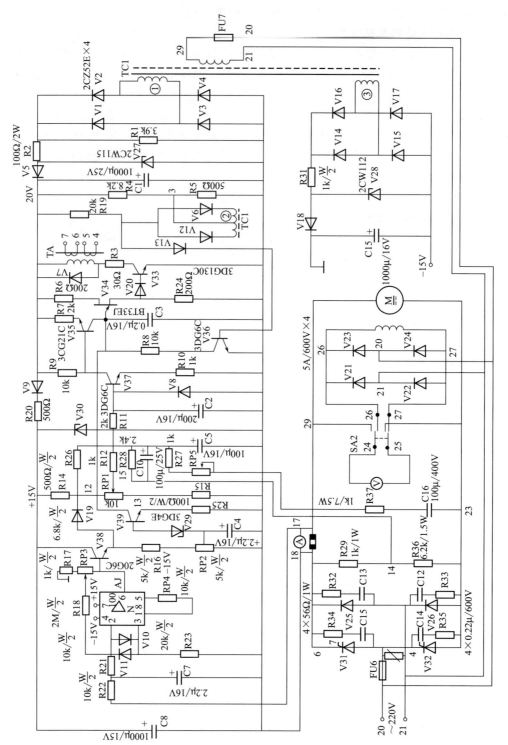

图20-4 MGB1420型万能磨床晶闸管直流调速装置原理图

后取得－15V 电压，以供运算放大器 AJ 用。经 V1～V4 整流后再经 V5 取得＋20V 直流电压，供给单结晶体管触发电路使用。由 V9 经 R20、V30 稳压后取得＋15 V 电压，以供给定信号电压和电流截止负反馈等电路使用。

20.3　MGB1420 型万能磨床典型故障检修

20.3.1　主电路故障检修

（1）液压泵、冷却泵电动机电路检修

① 液压泵电动机能转动，冷却泵电动机不转　首先检查主开关 QS2 是否接通，冷却泵电动机两端输入端电压是否正常，若输入端电压正常，则可能是电动机有故障或有机械卡死；若输入端电压不正常，则可能是 QS2 或连接线接触不良，应检修更换。

② 冷却泵电动机能转动，液压泵电动机不转　检查液压泵电动机两端输入端电压是否正常，若输入端电压正常，则可能是电动机有故障或有机械卡死，连接线接触不良，应找出原因再检修更换。

③ 液压泵、冷却泵电动机都不转　先检查熔断器 FU1 是否熔断，若未发现熔断器熔断，再检查接触器 KM1 是否吸合，若 KM1 吸合了，应检查三相电源。若 KM1 未吸合，可将 SA3 合上，看 KM2 能否吸合，若 KM2 不能吸合，应检查三相电源电压及控制电压是否正常，检查热继电器 FR1～FR4 的热保护是否动作过，触头或接线是否良好。如果热继电器已动作，若 KM2 能吸合，则应检查 SA2 及接线是否良好，接触器 KM1 线圈是否烧毁，找出故障的原因进行修理。

（2）内、外砂轮电动机电路检修

① 内、外砂轮电动机不转动　先检查熔断器 FU2 是否熔断，若未发现熔断器熔断，再检查总开关 QS1 接触是否良好，如果接触良好，再检查接触器 KM2 是否吸合，最后检查插座 XS1、XS2 是否接触良好，否则进行修复或更换。

② 内磨砂轮电动机不转动　先检查插座 XS2、XS3 是否接触良好，再检查开关 QS3、QS4 接触是否良好，否则进行修复或更换，最后检查变频发电动机 G 是否发出电压。

20.3.2　控制电路故障检修

（1）继电器 KA2 不吸合　先检查开关 SA1 及接线是否良好，再检查压力继电器 KP 接触是否良好，否则进行修复或更换。

（2）自动循环磨削加工时不能自动停机　先检查行程开关 SQ3 接触是否良好，再检查时间继电器 KT 是否损坏，最后检查电磁阀 YV 线圈是否烧坏，否则进行修复或更换。

20.3.3　工件无级变速直流拖动系统故障检修

（1）晶闸管触发电路故障检修　首先用示波器观察同步信号整流后的波形是否正常，波形不应有断相、毛刺或不规则的形状。然后观察稳压管 V27 两端的电压波形是否是梯形波，一般稳压范围在 12～24V 之间，梯形波的斜率影响移相范围。最后观察电容器 C3 两端的电压波形是否是锯齿波，若无锯齿波，可通过电位器 RP1 调节输入控制信号的电压。

（2）晶闸管调速电路故障检修

① 工件电动机 M 不转动　故障原因之一是电流截止负反馈过强，正常的工作电流就可使电流截止环节起作用，应进一步检查电流截止（V39、V29、RP2 等）及相关连线有无短路或断路。若正常，可按要求重新调整电流截止环节。

故障原因之二是触发电路没有输出触发脉冲，可用示波器对触发电路进行检查，找出故障点排除。

故障原因之三是熔断器 FU6 熔丝熔断，或晶闸管（V31、V32）、整流管（V25、V26）损坏，或主线路、电动机 M、励磁电路有故障，应进一步检查修复。

② 未加信号电压，电动机 M 自启动　故障原因是晶闸管 V35 或 V37 漏电流过大，或已击穿，可对其进行检查确认，并将损坏的晶闸管予以更换。

③ 电动机 M 的转速升不上去　故障原因之一是给定信号的电压不够，应检查给定信号电压电路。

故障原因之二是电压负反馈过强，应检查相关电路（R29、R36、R28 等）是否有短路或断路，若正常，则需重新调整负反馈环节。

故障原因之三是晶闸管 V35 或 V37 性能不好，可对其进行检查确认，予以更换。

故障原因之四是晶闸管 V39 漏电流过大，需检查确认，予以更换。

故障原因之五是晶闸管 V31 或 V32 损坏一个变成了半波整流，整流电压降低导致转速升不上去，可检查后予以更换。

④ 电动机 M 的转速调不上来　故障原因是晶闸管 V35 或 V37 击穿，应检查确认，并将损坏的晶闸管予以更换。

⑤ 电动机 M 运行一段时间后，转速逐渐降低直至不动　故障原因是单结晶体管 V34 或晶闸管 V37 性能变坏，也可能是晶闸管 V39 漏电流过大，需检查确认予以更换。

⑥ 电动机 M 的转速不稳　故障原因是晶闸管 V36 损坏，检查确认予以更换。

20.4　MGB1420 型万能磨床的调试

MGB1420 型万能磨床的调试可分为机床继电控制部分的调试和工件电动机无级调速的调试，机床继电控制部分调试参考 X6132 型万能铣床电气调试方法进行。工件电动机无级调速部分的调试分以下几个步骤。

（1）调试前的准备　检查接线及元器件是否正确，印制电路插件插接是否牢靠，通电测量控制电路所有交直流电源电压是否符合规定值，按图 20-3 所示，熟悉主要调试元件的位置。

（2）试车调试　将 SA1 开关转到"试"的位置，中间继电器 KA1 接通电位器 RP6，调节电位器 PR6 使转速达到 200～300r/min，将 RP6 封住。

（3）电动机空载通电调试　将 SA1 开关转到"开"的位置，中间继电器 KA2 接通，其常闭触点切断能耗制动电路，常开触点接通电动机的电枢电路，并把调速电位器 RP1 接入电路，慢慢转动 RP1 旋钮，使给定电压信号逐渐上升，电动机速度应平滑上升，无振动、无噪声等异常情况。否则反复调节 RP5，直至最佳状态为止。

（4）电流截止负反馈电路的调整　工件电动机的功率为 0.55kW，额定电流为 3A，将截止电流调至 $3 \times 1.4 = 4.2$A 左右。把电动机转速调到 700～800r/min 的范围内，加大电动机负载使电流值达到额定电流的 1.4 倍，调节电位器 RP2 到电动机停止转动为止。

（5）电动机转速稳定的调整　调节 RP5 可调节电压微分负反馈，以改善电动机运转时的动态特性。V19、R26 组成电流正反馈环节，R29、R36、R28 组成电压负反馈电路。调节 RP3 便可调节电流正反馈强度。以上都可以起到稳定电动机转速的作用。

（6）触发电路的参数选择　如图 20-5 所示，在单结晶

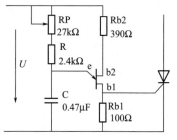

图 20-5　触发电路

体管触发电路调试中，常常会遇到以下问题：

调节输入控制信号，电容器 C 上都没有锯齿波；

当输入控制信号增大时，C 上的锯齿波由逐渐增多而突然消失，晶闸管由导通突然变成关断；

有脉冲输出，但晶闸管触发不开。检查原因：可能是接线不对，如把单结晶体管的 b1 和 b2 接错了，就出现没有锯齿波；也可能单结晶体管质量不好或已经损坏；还有电阻、电容与单结晶体管参数配合不好。

（7）讨论 R、C、Rb1 和 Rb2 的参数变化范围　下面以图 20-5 为例，以供调试时参考。

电容器 C 的选择：电容器 C 的选择范围一般是 $0.1 \sim 1 \mu F$。一般触发大容量的晶闸管时 C 应选大一些，如晶闸管是 50A 或 100 A 的，C 应选 $0.47 \mu F$。

放电电阻的选择：Rb1 太小，使放电太快，尖顶脉冲太窄，由于晶闸管导通需要一定的时间，需要触发脉冲有一定的宽度。所以脉冲太窄就不易使晶闸管触发导通。但 Rb1 也不可选得太大。因为在单结晶体管的 eb1 未导通时，电源加在 b2b1 间也有约为几毫安的电流。它在 Rb1 上产生的压降如果较大，这个电压加在晶闸管控制极上就可能导致晶闸管误触发。

充电电阻的选择：R 的大小是根据晶闸管移相范围的要求及充电电容器 C 的大小来决定的。如果 R 值太小，就会使单结晶体管导通后不再关断，致使锯齿波从原来很多突然变成一个，后面就没有了，如进一步减小 R，锯齿波完全消失。

温度补偿电阻 Rb2 的选择：单结晶体管的峰值电压 U_p 大小受温度的影响，当环境温度上升时，U_p 要减小，即分压比 n 随温度上升而减小，对于单结晶体管来说，一般选用 n 在 $0.5 \sim 0.85$ 左右。但是单结晶体管 b1 与 b2 之间的电阻随温度升高而增大，这是它本身的特性。利用这一点，在 b2 上串联一个固定电阻 Rb2，它的阻值基本不受影响。当温度上升时，由于 b1、b2 之间电阻增大，因而分到 b2、b1 的电压 U_{b2b1} 也增大。由于 U_{b2b1} 增大，就使 U_p 增大，从而使 U_p 基本不变。Rb2 一般选 $300 \sim 400 \Omega$ 左右。要求温度补偿较好时可用实验方法来确定 Rb2 的大小。

项目 21   Z3050 型摇臂钻床电气故障检修

【本项目目标】

① 了解 Z3050 型摇臂钻床的主要结构和运动形式，熟悉钻床的操作过程。

② 熟悉 Z3050 型摇臂钻床电气拖动特点。

③ 掌握 Z3050 型摇臂钻床电路工作原理、故障的分析方法。

④ 采用正确的检修步骤，排除 Z3050 型摇臂钻床的电气故障。

21.1 Z3050 型摇臂钻床的主要结构和运动形式

21.1.1 Z3050 型摇臂钻床的主要结构及运动形式

Z3050 型摇臂钻床是一种立式摇臂钻床机床，主要用于对大型零件钻孔、扩孔、铰孔、镗孔和螺纹等。图 21-1 为 Z3050 型摇臂钻床外形与型号。

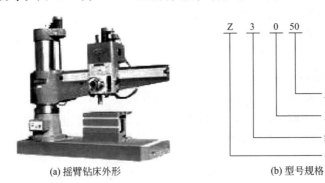

(a) 摇臂钻床外形　　　　　　(b) 型号规格

图 21-1   Z3050 型摇臂钻床外形与型号

（1）主要结构　如图 21-2 是 Z3050 摇臂钻床的结构图。它主要由底座、内立柱、外立柱、摇臂、主轴箱、工作台等组成。内立柱固定在底座上，在它外面套着空心的外立柱，外立柱可绕着内立柱回转一周，摇臂一端的套筒部分与外立柱滑动配合，借助于丝杆，摇臂可沿着外立柱上下移动，但两者不能做相对移动，所以摇臂将与外立柱一起相对内立柱回转。主轴箱是一个复合的部件，它具有主轴及主轴旋转部件和主轴进给的全部变速和操纵机构。主轴箱可沿着摇臂上的水平导轨作径向移动。当进行加工时，可利用特殊的夹紧机构将外立柱紧固在内立柱上，摇臂紧固在外立柱上，主轴箱紧固在摇臂导轨上，然后进行钻削加工。

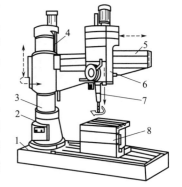

图 21-2   Z3050 摇臂钻床的结构图
1—底座；2—内立柱；3—外立柱；
4—摇臂升降丝杠；5—摇臂；
6—主轴箱；7—主轴；
8—工作台

（2）运动形式　Z3050 摇臂钻床的运动形式有主运动、进给运动、辅助运动。

主运动：主轴的旋转。进给运动：主轴的轴向进给。摇臂钻床除主运动与进给运动外，还有外立柱、摇臂和主轴箱的辅助运动，它们都有夹紧装置和固定位置。摇臂的升降及夹紧放松由一台异步电动机拖动，摇臂的回转和主轴箱的径向移动采用手动，立柱的夹紧松开由一台电动机拖动一台齿轮泵来供给夹紧装置所用的压力油来实现，同时通过电气联锁来实现主轴箱的夹紧与放松。摇臂钻床的主轴旋转和摇臂升降不允许同时进行，以保证安全生产。

21.1.2　电力拖动特点及控制要求

（1）由于摇臂钻床的运动部件较多，为简化传动装置，使用多电动机拖动，主轴电动机承担钻削及进给任务，摇臂升降及其夹紧放松、立柱夹紧放松和冷却泵各用一台电动机拖动。

（2）为适应多种加工方式的要求，主轴及进给应在较大范围内调速。但这些调速都是机械调速，用手柄操作变速箱调速，对电动机无任何调速要求。从结构上看，主轴变速机构与进给变速机构应该放在一个变速箱内，而且两种运动由一台电动机拖动是合理的。

（3）加工螺纹时要求主轴能正反转。摇臂钻床的正反转一般用机械方法实现，电动机只需单方向旋转。

（4）摇臂升降由单独电动机拖动，要求能实现正反转。

（5）摇臂的夹紧和放松以及立柱的夹紧和放松由一台异步电动机配合液压装置来完成，要求电动机能正反转。摇臂的回转和主轴箱的径向移动在中小型摇臂钻床上都采用手动。

（6）钻削加工时，为对刀具及工件进行冷却，需由一台冷却泵电动机拖动冷却泵输送冷却液。

21.2　Z3050 型摇臂钻床电气控制电路

如图 21-3 所示，为 Z3050 摇臂钻床的电气控制原理图。共有四台电动机，除冷却泵电动机采用开关直接启动外，其余三通异步电动机均采用接触器直接启动。

21.2.1　主电路分析

M1 是主轴电动机，由交流接触器 KM1 控制，只要求单方向旋转，主轴的正反转由机械手柄操作。M1 装在主轴箱顶部，带动主轴及进给传动系统，热继电器 FR1 是过载保护元件，短路保护电器是总电源开关中的电磁脱扣装置。

M2 是摇臂升降电动机，装于主轴顶部，用接触器 KM2 和 KM3 控制其正反转。因为电动机短时间工作，故不设过载保护电器。

M3 是液压泵电动机，可以做正向转动和反相转动。正向转动和反向转动的启动与停止由接触器 KM4 和 KM5 控制。热继电器 FR2 是液压泵电动机的过载保护电器。该电动机的主要作用是供给夹紧装置压力油，实现摇臂和立柱的夹紧与松开。

M4 是冷却泵电动机，功率小，不设过载保护，用空气开关 QF2 控制启动与停止。

21.2.2　控制电路分析

（1）主轴电动机 M1 的控制　合上 QF1，按启动按钮 SB2，KM1 吸合并联锁，M1 启动运转，指示灯 HL3 亮。按 SB1，KM1 断电释放，M1 停转，HL3 熄灭。

（2）摇臂升降电动机 M2 和液压泵电动机 M3 的控制　按摇臂下降（或上升）按钮 SB4（或 SB3），时间继电器 KT 和接触器 KM 吸合，KM 的常开触点闭合，因为 KT 是断电延时，故延时断开的常开触点闭合，使电磁铁 YA 和接触器 KM4 同时闭合，液压泵电动机 M3 旋转，供给压力油。压力油经通阀进入摇臂，松开油腔，推动活塞和菱形块，使摇臂松开。同时，活塞通过弹簧片使 ST3 闭合，并压位置开关 ST2，使 KM4 释放，而使 KM3

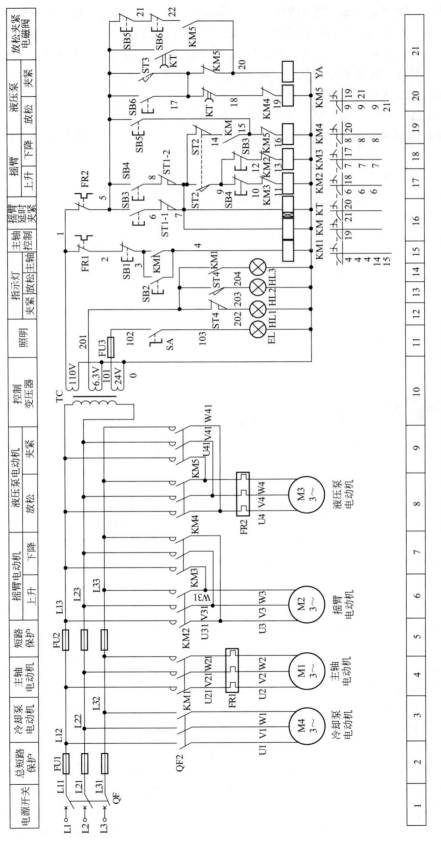

图 21-3　Z3050型摇臂钻床电气控制原理图

（或 KM2）吸合，M3 停转，升降电动机 M2 运转，带动摇臂下降（或上升）。

当摇臂下降（或上升）到所需位置时，松开 SB4（或 SB3），KM3（或 KM2）、KM 和 KT 断电释放，M2 停转，摇臂停止升降。由于 KT 为断电延时，经过 1～3s 延时后，17 号线至 18 号线 KT 触点闭合，KM5 得电吸合，M3 反转，液压泵反向供给压力油，使摇臂夹紧，同时通过机械装置使 ST3 断开，使 KM5 和 YA 都释放，液压泵停止旋转。图中 ST1-1 和 ST1-2 为摇臂升降行程的限位控制。

（3）立柱和主轴箱的松开或夹紧控制　按松开按钮 SB5（或夹紧按钮 SB6），接触器 KM4（或 KM5）吸合，液压泵电动机 M3 运转，供给压力油，使立柱和主轴箱分别松开（或夹紧）。

（4）照明电路　由照明变压器 TC 降压后，经 SA 供电给照明灯 EL，在照明变压器副边设有熔断器 FU3 作短路保护。

21.3　Z3050 型摇臂钻床典型故障分析

21.3.1　摇臂不能上升，但能下降

（1）故障分析　从故障现象中可以判断出摇臂升降电动机 M2、主电路电源、控制电路 110V 电源是正常的，故障可能出现在以下几个方面。

① 首先检查上升启动按钮 SB3 触头或其接线是否良好。

② 检查行程开关 ST1-1 触头或其连接线是否良好。

③ 检查行程开关 ST2 触头或其连接线是否良好。

④ 按钮 SB4 常闭触头或其连接线是否良好。

⑤ 检查接触器 KM3 的辅助触头或接线是否良好。

⑥ 接触器 KM2 的线圈或接线是否良好。

⑦ 主电路中接触器 KM2 的主触头或接线是否良好。

⑧ 液压、机械部分，特别是油路是否堵塞。

（2）故障检查　采用电阻测量法检查流程如图 21-4 所示。

21.3.2　液压泵电动机只能放松，不能夹紧

（1）故障分析　从故障现象中可以判断出液压泵电动机 M3、主电路电源、控制电路 110V 电源是正常的，故障可能出现在以下几个方面。

① 夹紧启动按钮 SB6 触头或接线是否良好。

② 时间继电器 KT 触头或接线是否良好。

③ 接触器 KM4 的辅助触头或接线是否良好。

④ 接触器 KM5 的线圈或接线是否良好。

⑤ 主电路中接触器 KM5 的主触头或接线是否良好。

⑥ 液压、机械部分，特别是油路是否堵塞。

［特别提示］

在检查此类故障中，应注意液压泵电动机 M3 的电源相序不能接错，否则夹紧装置该夹紧时反而松开。

（2）故障检查　采用电阻测量法检查流程如图 21-5 所示。

21.3.3　摇臂不能上升也不能下降

（1）故障分析　摇臂要进行上升或下降，必须应先将摇臂与立柱松开，方能实现上升和下降。所以，可从以下几个方面进行检查。

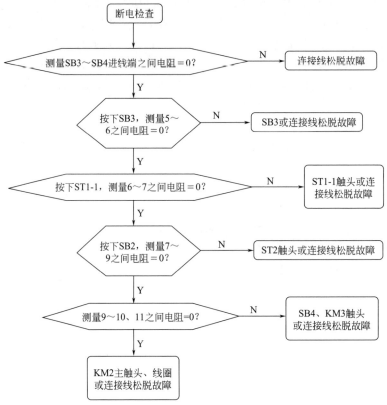

图 21-4 电阻测量法检查流程图 1

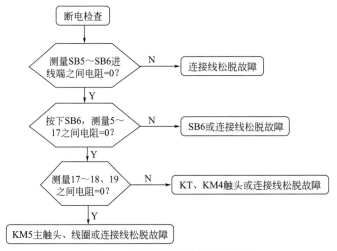

图 21-5 电阻测量法检查流程图 2

① 首先检查放松启动按钮 SB5 触头或接线是否良好。

② 检查接触器 KM5 的辅助触头或接线是否良好。

③ 检查接触器 KM4 的线圈或接线是否良好。

④ 检查时间继电器 KT 触头（5～20）或接线是否良好。

⑤ 检查电磁阀 YA 的线圈或接线是否良好。

⑥ 检查热继电器 FR2 的触头或接线是否良好。

⑦ 检查摇臂升降电动机 M2 的线圈或接线是否良好。

⑧ 检查主电路电源、控制电路 110V 电源是否正常。

⑨ 检查液压、机械部分，特别是油路是否堵塞。

（2）故障检查　采用电阻测量法，此项检查流程图由读者自己完成。

21.3.4　主轴电动机 M1 不能启动

（1）故障分析　从故障现象中可以判断出问题可能存在于主轴电动机 M1、主电路电源、控制电路 110V 电源以及与 KM1 相关的电路上，可从以下几个方面进行分析检查。

① 首先检查主电路和控制电路的熔断器 FU1、FU2 是否熔断，若发现熔断，更换熔断器的熔体。

② 若未发现熔断器熔断，检查热继电器 FR1 的触头或接线是否良好，或热保护是否动作过。如果热继电器已动作，则应找出工作的原因。

③ 若热继电器未动作，检查停止按钮 SB1、启动按钮 SB2 的触头或接线是否良好。

④ 检查接触器 KM1 的线圈或接线是否良好。

⑤ 主电路中接触器 KM1 的主触头或接线是否良好。

⑥ 若控制电路、主电路都完好，电动机仍然不能启动，故障必然发生在电源及电动机上，如电动机断线、电源电压过低，都会造成主轴电动机 M1 不能启动，KM1 不吸合。

（2）故障检查　采用电阻测量法，此项检查流程图由读者自己完成。

21.4　电气故障排除训练

21.4.1　训练内容

Z3050 摇臂钻床电气控制线路的故障分析与处理。

21.4.2　工作准备

工具：试电笔、电工刀、尖嘴钳、剥线钳、螺钉旋具、活扳手和烙铁等。

仪表：万用表、兆欧表、钳形电流表。

21.4.3　实训设备

Z3050 摇臂钻床电气控制模拟装置。

21.4.4　训练步骤

（1）熟悉 Z3050 摇臂钻床电气控制模拟装置，了解装置的基本操作，明确各种电器的作用。掌握 Z3050 摇臂钻床电气控制原理。

（2）查看装置背面各电器元件上的接线是否牢固，各熔断器是否安装良好，故障设置单元中的微型开关是否处于向上位置（向上为正常状态，向下为故障状态），并完成所负载和控制变压器的接线。

（3）独立安装好接地线，设备下方垫好绝缘垫，将各开关置分断位置。

（4）在老师的监督下，接上三相电源。合上 QF，电源指示灯亮。

（5）合上空气开关 QF2，冷却泵电动机 M4 工作；转动开关 SA，照明灯亮。

（6）按下按钮 SB2，KM1 吸合并联锁，M1 启动运转；按 SB1，KM1 断电释放，M1 停转。

（7）按下按钮 SB3，液压泵电动机 M3 首先正转，放松摇臂，继而摇臂升降电动机 M2 正转，带动摇臂上升。当上升至要求高度后，松开 SB3，M2 停转，同时 M3 反转，夹紧摇臂，完成摇臂上升控制过程。

（8）按下按钮 SB4，液压泵电动机 M3 首先正转，放松摇臂，继而摇臂升降电动机 M2

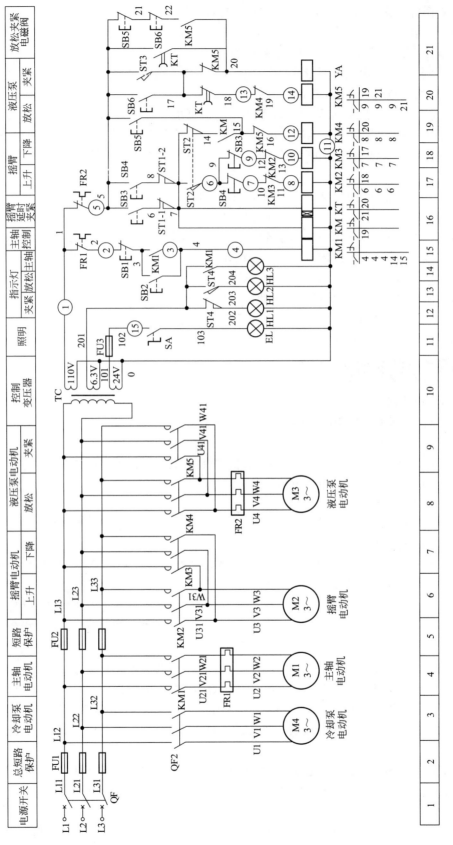

图 21-6　Z3050型摇臂钻床电气控制电路故障图

反转，带动摇臂下降。当下降至要求高度后，松开 SB4，M2 停转，同时 M3 反转，夹紧摇臂，完成摇臂下降控制过程。

（9）按下按钮 SB5，KM4 通电闭合，液压泵电动机 M3 首先正转，立柱和主轴箱放松；按下按钮 SB6，KM5 通电闭合，液压泵电动机 M3 启动反向运转，立柱和主轴箱夹紧。

（10）在掌握 Z3050 摇臂钻床的基本操作之后，按图 21-6 所示，由老师在主电路或控制电路中任意设置 2~3 个电气故障点。由学生自己诊断电路，分析处理故障，并在电气故障图中标出故障点。

（11）设置故障点时，应注意做到隐蔽，一般不宜设置在单独支路或单一回路中。故障现象尽可能不要相互掩盖。尽量不设置容易造成人身或设备事故的故障点。

21.4.5　工作要求

（1）学生应根据故障现象，先在原理图中正确标出最小故障范围的线段，然后采用正确的检查和排故方法，并在定额时间内排除故障。

（2）排除故障时，必须修复故障点，不得采用更换电器元件、借用触点及改动线路的方法。

（3）检修时，严禁扩大故障范围或产生新的故障，不得损坏电器元件。

21.4.6　操作注意事项

（1）设备操作应在教师指导下操作，做到安全第一。设备通电后，严禁在电器侧随意扳动电器件。进行故障排除训练时，尽量采用不带电检修。若带电检修，则必须有指导教师在现场监护。

（2）必须安装好各电动机、支架接地线、设备下方垫好绝缘橡胶垫，厚度不小于 8mm，操作前要仔细查看各接线端，有无松动或脱落，以免通电后发生意外或损坏电器。

（3）在操作中若发出不正常声响，应立即断电，查明故障原因。故障噪声主要来自电动机缺相运行，接触器、继电器吸合不正常等。

（4）在维修设备时不要随便互换线端处号码管。

（5）操作时用力不要过大，速度不宜过快；操作频率不宜过于频繁。

（6）实训结束后，应拔出电源插头，将各开关置分断位。

21.4.7　设备维护

（1）操作中，若发出较大噪声，要及时处理，如接触器发出较大嗡嗡声，一般可将该电器拆下，修复后使用或更换新电器。

（2）设备在经过一定次数的排故训练使用后，可能出现导线过短，一般可按原理图进行第二次连接，即可重复使用。

21.4.8　技能考核

（1）可采用小组考核与个人考核相结合的方法，对学生分析与处理故障的能力进行检查，要求在规定的时间内完成故障的检查和排除。

（2）说明每个故障存在的部位、故障性质以及造成后果。

（3）考查规范操作、安全知识、团队协作以及卫生环境。

项目 22　X62W 型万能铣床电气故障检修

【本项目目标】

① 了解铣床的主要结构和运动形式，熟悉铣床的操作过程。

② 熟悉 X62W 型万能铣床电气拖动特点。

③ 掌握 X62W 型万能铣床电路工作原理、故障的分析方法。

④ 采用正确的检修步骤，排除 X62W 型万能铣床的电气故障。

22.1　X62W 型万能铣床的主要结构和运动形式

22.1.1　X62W 型万能铣床的主要结构及运动形式

X62W 型万能铣床是一种通用的多用途机床，可用来加工平面、斜面、沟槽；装上分度头后，可以铣切直齿轮和螺旋面；加装圆工作台后，可以铣切凸轮和弧形槽。图 22-1 为 X62W 型万能铣床外形与型号。

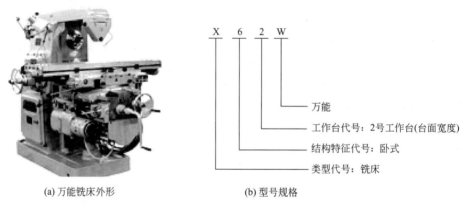

(a) 万能铣床外形　　　　　　(b) 型号规格

图 22-1　X62W 型万能铣床外形与型号

（1）主要结构　如图 22-2 所示，为 X62W 型万能铣床的结构图，它主要由床身、主轴、刀杆、横梁、工作台、回转盘、横溜板和升降台等几部分组成。

（2）运动形式　X62W 型万能铣床的运动形式有主轴转动、进给运动、辅助运动。

① 主轴转动是由主轴电动机通过弹性联轴器来驱动传动机构，当机构中的一个双联滑动齿轮块啮合时，主轴即可旋转。

② 工作台面的移动是由进给电动机驱动，它通过机械机构使工作台进行三种形式六个方向的移动，即工作台面能直接在溜板上部可转动部分的导轨上作纵向（左、右）移动；工作台面借助横溜板作横向（前、后）移动；工作台面还能借助升降台作垂直（上、下）移动。

22.1.2　X62W 型万能铣床的电力拖动特点及控制要求

（1）机床要求有三台电动机，分别称为主轴电动机、进给电动机和冷却泵电动机。

（2）由于加工时有顺铣和逆铣两种，所以要求主轴电动机能正反转及在变速时能瞬时冲

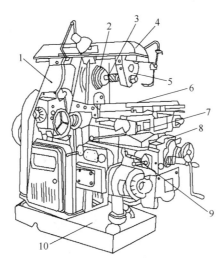

图 22-2　X62W 型万能铣床结构图

1—床身；2—主轴；3—刀架；4—悬梁；5—刀杆挂脚；6—工作台；

7—回转盘；8—横溜板；9—升降台；10—底座

动一下，以利于齿轮的啮合，并要求还能制动停车和实现两地控制。

（3）工作台的三种运动形式、六个方向的移动是依靠机械的方法来达到的，对进给电动机要求能正反转，且要求纵向、横向、垂直三种运动形式相互间应有联锁，以确保操作安全。同时要求工作台进给变速时，电动机也能瞬间冲动、快速进给及两地控制等要求。

（4）冷却泵电动机只要求正转。

（5）进给电动机与主轴电动机需要联锁控制，即主轴工作后才能进行进给。

22.2　X62W 型万能铣床电气控制电路

如图 22-3 所示，为 X62W 型万能铣床的电气控制原理图。该原理图是由主电路、控制电路和照明电路三部分组成。

22.2.1　主电路分析

主电路中有三台电动机。M1 是主轴电动机；M2 是进给电动机；M3 是冷却泵电动机。

（1）主轴电动机 M1 通过换相开关 SA5 与接触器 KM1 配合，能进行正反转控制，而与接触器 KM2、制动电阻器 R 及速度继电器的配合，能实现串电阻瞬时冲动和正反转反接制动控制，并能通过机械进行变速。

（2）进给电动机 M2 能进行正反转控制，通过接触器 KM3、KM4 与行程开关 SQ1～SQ4 配合，能实现进给变速时的瞬时冲动、六个方向的常速进给和快速进给控制。

（3）冷却泵电动机 M3 只能正转。

（4）熔断器 FU1 作机床总短路保护，也兼作 M1 的短路保护；FU2 作为 M2、M3 及控制变压器 TC 的短路保护；热继电器 FR1、FR2、FR3 分别作为 M1、M2、M3 的过载保护。

22.2.2　控制电路

（1）主轴电动机的控制

① SB1、SB3 与 SB2、SB4 是分别装在机床两边的停止（制动）和启动按钮，实现两地控制，方便操作。如图 22-4 所示的主轴电动机的控制电路。

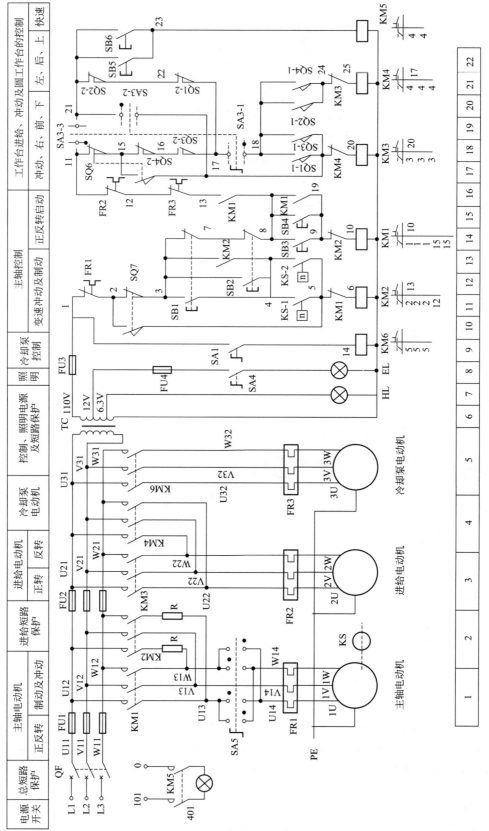

图 22-3　X62W 万能铣床电气控制原理图

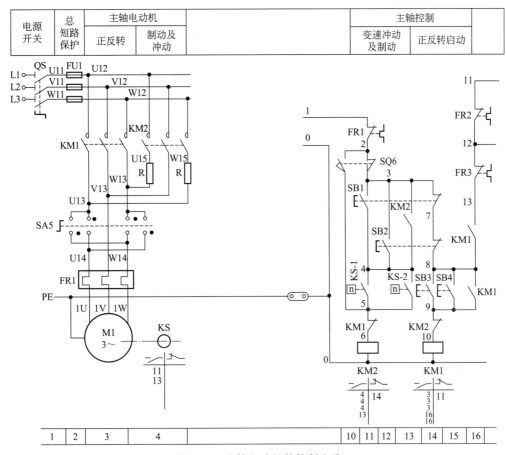

图 22-4　主轴电动机的控制电路

② KM1 是主轴电动机启动接触器，KM2 是反接制动和主轴变速冲动接触器。

③ SQ6 是与主轴变速手柄联动的瞬时动作行程开关。

④ 主轴电动机需启动时，要先将 SA5 扳到主轴电动机所需要的旋转方向，然后再按启动按钮 SB3 或 SB4 来启动电动机 M1。

⑤ M1 启动后，速度继电器 KS 的一副常开触点闭合，为主轴电动机的制动做好准备。

⑥ 停车时，按停止按钮 SB1 或 SB2 切断 KM1 电路，接通 KM2 电路，改变 M1 的电源相序进行串电阻反接制动。当 M1 的转速低于 120r/min 时，速度继电器 KS 的一副常开触点恢复断开，切断 KM2 电路，M1 停转，制动结束。

根据以上分析可写出主轴电动机启动转动（即按 SB3 或 SB4）时控制线路的通路：1-2-3-7-8-9-10-KM1 线圈-回到 0 点；主轴停止与反接制动（即按 SB1 或 SB2）时的通路：1-2-3-4-5-6-KM2 线圈-回到 0 点。

⑦ 主轴电动机变速时的瞬动（冲动）控制，是利用变速手柄与冲动行程开关 SQ6 通过机械上联动机构进行控制的。

图 22-5 是主轴变速冲动控制示意图，变速时，先下压变速手柄，然后拉到前面，当快要落到第二道槽时，转动变速盘，选择需要的转速。此时凸轮压下弹簧杆，使冲动行程 SQ6 的常闭触点先断开，切断 KM1 线圈的电路，电动机 M1 断电；同时 SQ6 的常开触点后接通，KM2 线圈得电动作，M1 被反接制动。当手柄拉到第二道槽时，SQ6 不受凸轮控制

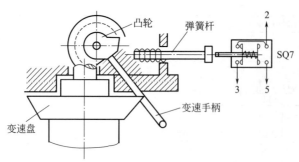

图 22-5 主轴变速冲动控制示意图

而复位，M1 停转。接着把手柄从第二道槽推回原始位置时，凸轮又瞬时压动行程开关 SQ6，使 M1 反向瞬时冲动一下，以利于变速后的齿轮啮合。

但要注意，不论是启动还是停止，都应以较快的速度把手柄推回原始位置，以免通电时间过长，引起 M1 转速过高而打坏齿轮。

(2) 工作台进给电动机的控制　工作台的纵向、横向和垂直运动都由进给电动机 M2 驱动，接触器 KM3 和 KM4 控制 M2 的正反转，用以改变进给运动方向。它的控制电路采用了与纵向运动机械操作手柄联动的行程开关 SQ1、SQ2 和横向及垂直运动机械操作手柄联动的行程开关 SQ3、SQ4、组成复合联锁控制。即在选择三种运动形式的六个方向移动时，只能进行其中一个方向的移动，以确保操作安全，当这两个机械操作手柄都在中间位置时，各行程开关都处于未压的原始状态。

由原理图可知，M2 电动机在主轴电动机 M1 启动后才能进行工作。在机床接通电源后，将控制圆工作台的组合开关 SA3 扳到断开，使触点 SA3-1（17－18）和 SA3-3（12－21）闭合，而 SA3-2（19－21）断开，然后启动 M1，这时接触器 KM1 吸合，使 KM1（9－12）闭合，就可进行工作台的进给控制。

① 工作台纵向（左右）运动的控制　工作台的纵向运动是由进给电动机 M2 驱动，由纵向操纵手柄来控制。此手柄是复式的，一个安装在工作台底座的顶面中央部位，另一个安装在工作台底座的左下方。手柄有三个：向左、向右、零位。当手柄扳到向右或向左运动方向时，手柄的联动机构压下行程开关 SQ1 或 SQ2，使接触器 KM3 或 KM4 动作，控制进给电动机 M2 的正反转。工作台左右运动的行程，可通过调整安装在工作台两端的撞铁位置来实现。当工作台纵向运动到极限位置时，撞铁撞动纵向操纵手柄，使它回到零位，M2 停转，工作台停止运动，从而实现了纵向终端保护。

工作台向左运动：在 M1 启动后，将纵向操作手柄扳至向左位置，一方面机械接通纵向离合器，同时在电气上压下 SQ2，使 SQ2-2 断，SQ2-1 通，而其他控制进给运动的行程开关都处于原始位置，此时使 KM4 吸合，M2 反转，工作台向左进给运动。其控制电路的通路为：12-15-16-17-18-24-25-KM4 线圈-0 点。

工作台向右运动：当纵向操纵手柄扳至向右位置时，机械上仍然接通纵向进给离合器，但却压动了行程开关 SQ1，使 SQ1-2 断，SQ1-1 通，使 KM3 吸合，M2 正转，工作台向右进给运动，其通路为：12-15-16-17-18-19-20-KM3 线圈-0 点。

② 工作台垂直（上下）和横向（前后）运动的控制　工作台的垂直和横向运动，由垂直和横向进给手柄操纵。此手柄也是复式的，有两个完全相同的手柄分别装在工作台左侧的前、后方。手柄的联动机械一方面压下行程开关 SQ3 或 SQ4，同时能接通垂直或横向进给离合器。操纵手柄有五个位置（上、下、前、后、中间），五个位置是联锁的，工作台的上

下和前后的终端保护是利用装在床身导轨旁与工作台座上的撞铁，将操纵十字手柄撞到中间位置，使 M2 断电停转。

工作台向前（或者向下）运动的控制：将十字操纵手柄扳至向前（或者向下）位置时，机械上接通横向进给（或者垂直进给）离合器，同时压下 SQ3，使 SQ3-2 断，SQ3-1 通，使 KM3 吸合，M2 正转，工作台向前（或者向下）运动。其通路为：12-21-22-17-18-19-20-KM3 线圈-0 点。

工作台向后（或者向上）运动的控制：将十字操纵手柄扳至向后（或者向上）位置时，机械上接通横向进给（或者垂直进给）离合器，同时压下 SQ4，使 SQ4-2 断，SQ4-1 通，使 KM4 吸合，M2 反转，工作台向后（或者向上）运动。其通路为：12-21-22-17-18-24-25-KM4 线圈-0 点。

③ 进给电动机变速时的瞬动（冲动）控制　变速时，为使齿轮易于啮合，进给变速与主轴变速一样，设有变速冲动环节。当需要进行进给变速时，应将转速盘的蘑菇形手轮向外拉出并转动转速盘，把所需进给量的标尺数字对准箭头，然后再把蘑菇形手轮用力向外拉到极限位置并随即推向原位，在操纵手轮的同时，其连杆机构二次瞬时压下行程开关 SQ5，使 KM3 瞬时吸合，M2 作正向瞬动。其通路为：12-21-22-17-16-15-19-20-KM3 线圈-0 点，由于进给变速瞬时冲动的通电回路要经过 SQ1～SQ4 四个行程开关的常闭触点，因此只有当进给运动的操作手柄都在中间（停止）位置时，才能实现进给变速冲动控制，以保证操作时的安全。同时，与主轴变速时冲动控制一样，电动机的通电时间不能太长，以防止转速过高，在变速时打坏齿轮。

④ 工作台的快速进给控制　为提高劳动生产率，要求铣床在不作铣切加工时，工作台能快速移动。工作台快速进给也是由进给电动机 M2 来驱动，在纵向、横向和垂直三种运动形式六个方向上都可以实现快速进给控制。

主轴电动机启动后，将进给操纵手柄扳到所需位置，工作台按照选定的速度和方向作常速进给移动时，再按下快速进给按钮 SB5（或 SB6），使接触器 KM5 通电吸合，接通牵引电磁铁 YA，电磁铁通过杠杆使摩擦离合器合上，减少中间传动装置，使工作台按运动方向作快速进给运动。当松开快速进给按钮时，电磁铁 YA 断电，摩擦离合器断开，快速进给运动停止，工作台仍按原常速进给时的速度继续运动。

（3）圆工作台运动的控制　铣床如需铣切螺旋槽、弧形槽等曲线时，可在工作台上安装圆形工作台及其传动机械，圆形工作台的回转运动也是由进给电动机 M2 传动机构驱动的。

圆工作台工作时，应先将进给操作手柄都扳到中间（停止）位置，然后将圆工作台组合开关 SA3 扳到圆工作台接通位置。此时 SA3-1 断，SA3-3 断，SA3-2 通。准备就绪后，按下主轴启动按钮 SB3 或 SB4，则接触器 KM1 与 KM3 相继吸合。主轴电动机 M1 与进给电动机 M2 相继启动并运转，而进给电动机仅以正转方向带动圆工作台作定向回转运动。其通路为：12-15-16-17-22-21-19-20-KM3 线圈-0 点。

由上可知，圆工作台与工作台进给有互锁，即当圆工作台工作时，不允许工作台在纵向、横向、垂直方向上有任何运动。若误操作而扳动进给运动操纵手柄（即压下 SQ1～SQ4 中任一个），M2 停止转动。

22.3　X62W 型万能铣床典型故障分析

铣床电气控制线路与机械系统的配合十分密切，其电气线路的正常工作往往与机械系统的正常工作是分不开的，这就是铣床电气控制线路的特点。要判断是电气还是机械故障，必须熟悉机械与电气的相互配合。这就要求维修电工不仅要熟悉电气控制工作原理，而且还要熟悉相关机械系统的工作原理及机床操作方法。下面通过几个实例来叙述 X62W 铣床的常见故障及其排除方法。

22.3.1 主轴停车时无制动

（1）故障分析 从故障现象中可以判断出主轴电动机 M1、主电路电源、控制电路 110V 电源是正常的，故障可能出现在以下几个方面。

① SB1 或 SB2 的触头或接线是否良好？

② 速度继电器 KS-1 或 KS-2 的触头或接线是否良好？

③ 接触器 KM1 的辅助触头或接线是否良好？

④ 接触器 KM2 的线圈或接线是否良好？

⑤ 主电路中接触器 KM2 的主触头或接线是否良好？

⑥ 机械部分是否堵塞？

主轴无制动时，按下停止按钮 SB1 或 SB2 后，首先检查反接制动接触器 KM2 是否吸合。若 KM2 不吸合，则故障原因一定在控制电路部分，检查时可先操作主轴变速冲动手柄，若有冲动，故障范围就缩小到速度继电器和按钮支路上。若 KM2 吸合，则故障原因就较复杂一些，其故障原因之一，是主电路的 KM2、R 制动支路中，至少有缺相的故障存在；其二是，速度继电器的常开触点过早断开，但在检查时，只要仔细观察故障现象，这两种故障原因是能够区别的，前者的故障现象是完全没有制动作用，而后者则是制动效果不明显。

以上分析可知，主轴停车时无制动的故障原因，较多是由于速度继电器 KS 发生故障引起的。如 KS 常开触点不能正常闭合，其原因有推动触点的胶木摆杆断裂；KS 轴伸端圆销扭弯、磨损或弹性连接元件损坏；螺丝销钉松动或打滑等。若 KS 常开触点过早断开，其原因有 KS 动触点的反力弹簧调节过紧；KS 的永久磁铁转子的磁性衰减等。

应该说明，机床电气的故障不是千篇一律的，所以在维修中，不可生搬硬套，而应该采用理论与实践相结合的灵活处理方法。

[特别提示]

反接制动电路中存在缺相的故障时，没有制动作用。

（2）故障检查 采用电阻测量法，检查流程如图 22-6 所示。

22.3.2 按下停止按钮主轴电动机不停

（1）故障分析 产生故障的原因有：接触器 KM1 主触点熔焊；反接制动时两相运行；SB3 或 SB4 在启动 M1 后绝缘被击穿。这三种故障原因，在故障的现象上是能够加以区别的：如按下停止按钮后，KM1 不释放，则故障可断定是由熔焊引起；如按下停止按钮后，接触器的动作顺序正确，即 KM1 能释放，KM2 能吸合，同时伴有嗡嗡声或转速过低，则可断定是制动时主电路有缺相故障存在；若制动时接触器动作顺序正确，电动机也能进行反接制动，但放开停止按钮后，电动机又再次自启动，则可断定故障是由启动按钮绝缘击穿引起。

（2）故障检查 采用电阻测量法，此项检查流程图由读者自己完成。

22.3.3 主轴工作正常，工作台各方向不能进给

（1）故障分析 主轴工作正常，工作台各方向不能进给，说明故障出现在公共点上，即点 8～11 的线路上。

① 接触器 KM1 的辅助触头（8～13）或其接线是否良好？

② FR2、FR3 的触头或其接线是否良好？

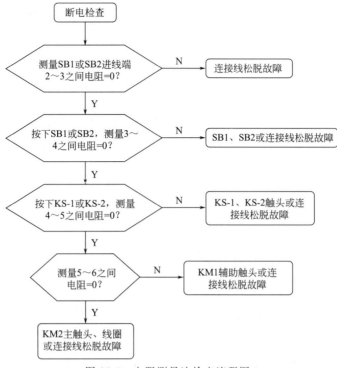

图 22-6　电阻测量法检查流程图 1

③ SA3 的触头或其接线是否良好？

④ 接触器 KM3、KM4 的线圈、主触头及其接线是否良好？

⑤ 进给电动机 M2 是否良好？

（2）故障检查　采用电阻测量法，检查流程如图 22-7 所示。

22.3.4　工作台不能作向上进给运动

（1）故障分析　由于铣床电气线路与机械系统的配合密切和工作台向上进给运动的控制是处于多回路线路之中，因此，不宜采用按部就班地逐步检查的方法。在检查时，可先依次进行快速进给、进给变速冲动或圆工作台向前进给，向左进给及向后进给的控制，来逐步缩小故障的范围（一般可从中间环节的控制开始），然后再逐个检查故障范围内的元器件、触点、导线及接点，来查出故障点。在实际检查时，还必须考虑到由于机械磨损或移位使操纵失灵等因素，若发现此类故障原因，应与机修钳工互相配合进行修理。

假设故障点在图区 25 上，行程开关 SQ4-1 由于安装螺钉松动而移动位置，造成操纵手柄虽然到位，但触点 SQ4-1（18—24）仍不能闭合，在检查时，若进行进给变速冲动控制正常后，也就说明向上进给回路中，线路 12-21-22-17 是完好的，再通过向左进给控制正常，又能排除线路 17-18 和 24-25-0 存在故障的可能性。这样将故障的范围缩小到 18-SQ4-1-24 的范围内。再经过仔细检查或测量，就能很快找出故障点。

（2）故障检查　采用电阻测量法，此项检查流程图由读者自己完成。

22.3.5　工作台不能作纵向进给运动

（1）故障分析　应先检查横向或垂直进给是否正常，如果正常，说明进给电动机 M2、主电路、接触器 KM3、KM4 及纵向进给相关的公共支路都正常，此时应重点检查图区 19 上的行程开关 SQ5（12—15）、SQ4-2 及 SQ3-2，即线号为 12-15-16-17 支路，因为只要三对

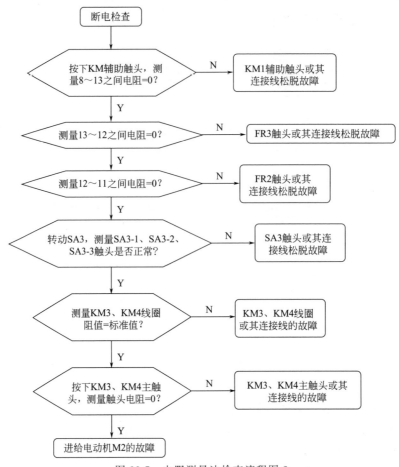

图 22-7　电阻测量法检查流程图 2

常闭触点中有一对不能闭合或有一根线头脱落就会使纵向不能进给。然后再检查进给变速冲动是否正常，如果也正常，则故障的范围已缩小到在 SQ5（12—15）及 SQ1-1、SQ2-1 上，但一般 SQ1-1、SQ2-1 两副常开触点同时发生故障的可能性甚小，而 SQ5（12—15）由于进给变速时，常因用力过猛而容易损坏，所以可先检查 SQ5（12—15）触点，直至找到故障点并予以排除。

（2）故障检查　采用电阻测量法，此项检查流程图由读者自己完成。

22.4　电气故障排除训练

22.4.1　训练内容
X62W 型万能铣床电气控制线路的故障分析与处理。

22.4.2　工作准备
工具：试电笔、电工刀、尖嘴钳、剥线钳、螺钉旋具、活扳手和烙铁等。

仪表：万用表、兆欧表、钳形电流表。

22.4.3　实训设备
X62W 型万能铣床电气控制模拟装置。

22.4.4　训练步骤
（1）熟悉 X62W 型万能铣床电气控制模拟装置，了解装置的基本操作，明确各种电器的作用。掌握 X62W 型万能铣床电气控制原理。

（2）查看装置背面各电器元件上的接线是否牢固，各熔断器是否安装良好，故障设置单元中的微型开关是否处于向上位置（向上为正常状态，向下为故障状态），并完成所负载和控制变压器的接线。

（3）独立安装好接地线，设备下方垫好绝缘垫，将各开关置分断位置。

（4）在老师的监督下，接上三相电源。合上 QF，电源指示灯亮。

（5）合上 SA1，观察冷却泵电动机 M3 工作；转动开关 SA4，照明灯 EL 亮。

（6）将转动开关 SA5 置于"正转"或"反转"，按下按钮 SB3 或 SB4，KM1 吸合并联锁，M1 启动运转；按 SB1 或 SB2，KM1 断电释放，KM2 得电，观察 M1 停转。

（7）启动主轴电动机后，将转动开关 SA3 置于"工作台进给"，分别按下行程开关 SQ1～SQ4 观察进给电动机 M2 动作，是否实现纵向（左、右）移动、横向（前、后）移动、垂直（上、下）移动。

（8）再将转动开关 SA3 置于圆工作台进给，观察进给电动机 M2 动作情况。

（9）按下按钮 SB5 或 SB6，观察 KM5 是否动作。

（10）在掌握 X62W 型万能铣床的基本操作之后，按图 22-8 所示，由老师在主电路或控制电路中任意设置 2～3 个电气故障点。由学生自己诊断电路，分析处理故障，并在电气故障图中标出故障点。

（11）设置故障点时，应注意做到隐蔽，一般不宜设置在单独支路或单一回路中。故障现象尽可能不要相互掩盖。尽量不设置容易造成人身或设备事故的故障点。

22.4.5　工作要求

（1）学生应根据故障现象，先在原理图中正确标出最小故障范围的线段，然后采用正确的检查和排故方法，并在定额时间内排除故障。

（2）排除故障时，必须修复故障点，不得采用更换电器元件、借用触点及改动线路的方法。

（3）检修时，严禁扩大故障范围或产生新的故障，不得损坏电器元件。

22.4.6　操作注意事项

（1）设备操作应在教师指导下操作，做到安全第一。设备通电后，严禁在电器侧随意扳动电器件。进行故障排除训练时，尽量采用不带电检修。若带电检修，则必须有指导教师在现场监护。

（2）必须安装好各电动机、支架接地线、设备下方垫好绝缘橡胶垫，厚度不小于 8mm，操作前要仔细查看各接线端，有无松动或脱落，以免通电后发生意外或损坏电器。

（3）在操作中若发出不正常声响，应立即断电，查明故障原因。故障噪声主要来自电动机缺相运行，接触器、继电器吸合不正常等。

（4）在维修设备时不要随便互换线端处号码管。

（5）操作时用力不要过大，速度不宜过快；操作频率不宜过于频繁。

（6）实训结束后，应拔出电源插头，将各开关置分断位。

22.4.7　设备维护

（1）操作中，若发出较大噪声，要及时处理，如接触器发出较大嗡嗡声，一般可将该电器拆下，修复后使用或更换新电器。

（2）设备在经过一定次数的排故训练使用后，可能出现导线过短，一般可按原理图进行第二次连接，即可重复使用。

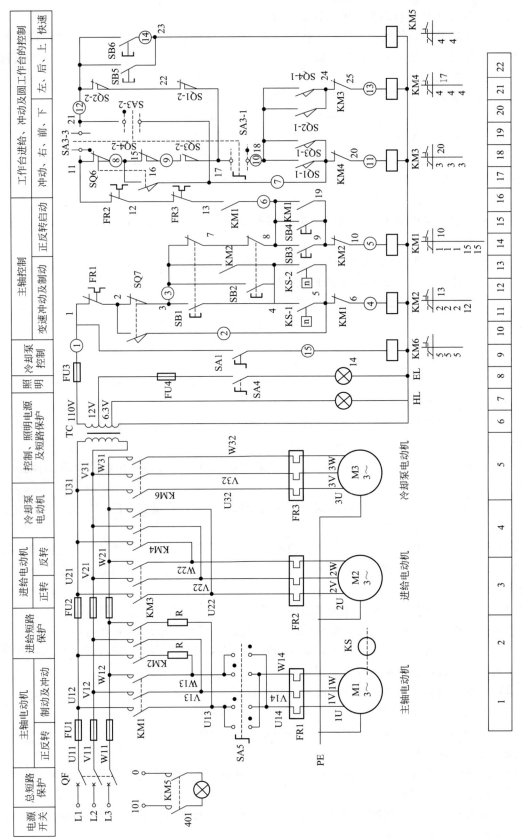

图 22-8 X62W万能铣床电气控制故障说明

22.4.8　技能考核

（1）可采用小组考核与个人考核相结合的方法，对学生分析与处理故障的能力进行检查，要求在规定的时间内完成故障的检查和排除。

（2）说明每个故障存在的部位、故障性质以及造成后果。

（3）考查规范操作、安全知识、团队协作以及卫生环境。

项目 23　T68 型镗床电气故障检修

【本项目目标】

① 了解镗床的主要结构和运动形式，熟悉镗床的操作过程。
② 熟悉 T68 型镗床电气拖动特点。
③ 掌握 T68 型镗床电路工作原理、故障的分析方法。
④ 采用正确的检修步骤，排除 T68 型镗床的电气故障。

23.1　T68 型镗床的主要结构和运动形式

23.1.1　T68 型卧式镗床的主要结构及运动形式

T68 型卧式镗床是一种通用的多用途金属加工机床，不但能钻孔、镗孔、扩孔，还能铣削平面、端面和内外圆，加工精度高，属于精密加工机床。图 23-1 为 T68 型卧式镗床的外形与型号。

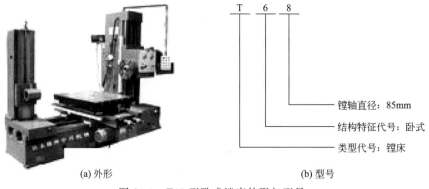

(a) 外形　　　　　　　　　　　(b) 型号

图 23-1　T68 型卧式镗床外形与型号

（1）主要结构　如图 23-2 为 T68 型卧式镗床结构示意图。主要由床身、前立柱、镗头架、工作台、后立柱和尾架等几部分组成。

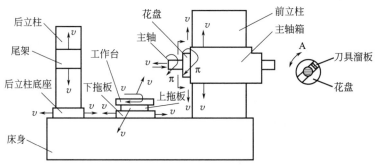

图 23-2　T68 型卧式镗床结构示意图

（2）运动形式　T68 型卧式镗床的运动形式有主轴转动、进给运动、辅助运动。

① 主运动　镗杆（主轴）旋转或平旋盘（花盘）旋转。

② 进给运动　主轴轴向（进、出）移动、主轴箱（镗头架）的垂直（上、下）移动、花盘刀具溜板的径向移动、工作台的纵向（前、后）和横向（左、右）移动。

③ 辅助运动　有工作台的旋转运动、后立柱的水平移动和尾架垂直移动。

主体运动和各种常速进给由主轴电动机 M1 驱动，但各部分的快速进给运动是由快速进给电动机 M2 驱动。

23.1.2　T68 型卧式镗床的电力拖动特点及控制要求

（1）由于镗床主轴调速范围较大，且要求恒功率输出，所以主轴电动机 M1 采用△/YY 双速电动机。低速时，1U1、1V1、1W1 接三相交流电源，1U2、1V2、1W2 悬空，定子绕组接成三角形，每相绕组中两个线圈串联，形成的磁极对数 $P=2$；高速时，1U1、1V1、1W1 短接，1U2、1V2、1W2 端接电源，电动机定子绕组联结成双星形（YY），每相绕组中的两个线圈并联，磁极对数 $p=1$。高、低速的变换，由主轴孔盘变速机构内的行程开关 SQ7 控制。

（2）主电动机 M1 可正、反转连续运行，也可点动控制，点动时为低速。主轴要求快速准确制动，故采用反接制动，控制电器采用速度继电器。为限制主电动机的启动和制动电流，在点动和制动时，定子绕组串入电阻 R。

（3）主电动机低速时直接启动。高速运行是由低速启动延时后再自动转成高速运行的，以减小启动电流。

（4）在主轴变速或进给变速时，主电动机需要缓慢转动，以保证变速齿轮进入良好啮合状态。主轴和进给变速均可在运行中进行，变速操作时，主电动机便作低速断续冲动，变速完成后又恢复运行。主轴变速时，电动机的缓慢转动是由行程开关 SQ3 和 SQ5 完成，进给变速时是由行程开关 SQ4 和 SQ5 以及速度继电器 KS 共同完成的。

23.2　T68 型镗床电气控制电路

T68 型卧式镗床的电气控制电路见图 23-3。该电路有主轴电动机 M1 和快速进给电动机 M2 两台电动机组成。

23.2.1　主轴电动机的启动控制

（1）主电动机的点动控制　主电动机的点动有正向点动和反向点动，分别由按钮 SB4 和 SB5 控制。按 SB4 接触器 KM1 线圈通电吸合，KM1 的辅助常开触点（3—13）闭合，使接触器 KM4 线圈通电吸合，三相电源经 KM1 的主触点，电阻 R 和 KM4 的主触点接通主电动机 M1 的定子绕组，接法为三角形，使电动机在低速下正向旋转。松开 SB4 主电动机断电停止。反向点动与正向点动控制过程相似，由按钮 SB5、接触器 KM2、KM4 来实现。

（2）主电动机的正、反转控制　当要求主电动机正向低速旋转时，行程开关 SQ7 的触点（11—12）处于断开位置，主轴变速和进给变速用行程开关 SQ3(4—9)、SQ4(9—10) 均为闭合状态。按下 SB2，中间继电器 KA1 线圈通电吸合，它有三对常开触点，KA1 常开触点（4—5）闭合自锁；KA1 常开触点（10—11）闭合，接触器 KM3 线圈通电吸合，KM3 主触点闭合，电阻 R 短接；KA1 常开触点（17—14）闭合和 KM3 的辅助常开触点（4—17）闭合，使接触器 KM1 线圈通电吸合，并将 KM1 线圈自锁。KM1 的辅助常开触点（3—13）闭合，接通主电动机低速用接触器 KM4 线圈，使其通电吸合。由于接触器 KM1、KM3、KM4 的主触点均闭合，故主电动机在全电压、定子绕组三角形联结下直接启动，低速运行。

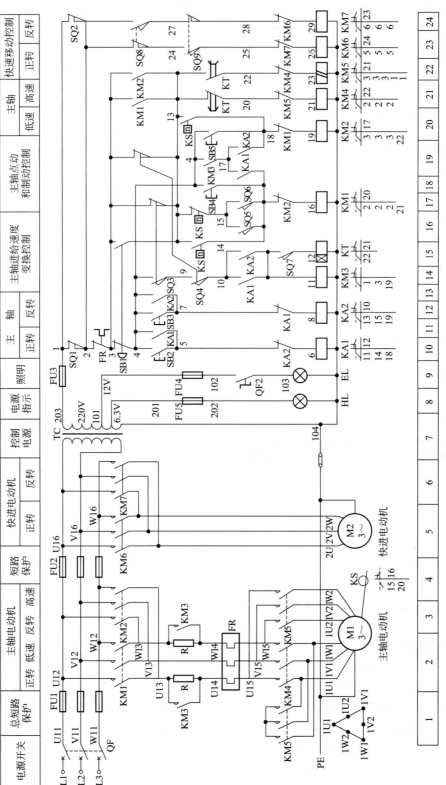

图 23-3 T68型卧式镗床电气控制原理图

当要求主电动机为高速旋转时，行程开关 SQ7 的触点（11—12）、SQ3（4—9）、SQ4（9—10）均处于闭合状态。按 SB2 后，一方面 KA1、KM3、KM1、KM4 的线圈相继通电吸合，使主电动机在低速下直接启动；另一方面由于 SQ7（11—12）的闭合，使时间继电器 KT（通电延时式）线圈通电吸合，经延时后，KT 的通电延时断开的常闭触点（13—20）断开，KM4 线圈断电，主电动机的定子绕组脱离三相电源，而 KT 的通电延时闭合的常开触点（13—22）闭合，使接触器 KM5 线圈通电吸合，KM5 的主触点闭合，将主电动机的定子绕组接成双星形后，重新接到三相电源，故从低速启动转为高速旋转。

主电动机的反向低速或高速的启动旋转过程与正向启动旋转过程相似，但是反向启动旋转所用的电器为按钮 SB3、中间继电器 KA2、接触器 KM3、KM2、KM4、KM5、时间继电器 KT。

（3）主电动机的反接制动的控制　　当主电动机正转时，速度继电器 KS 正转，常开触点 KS（13—18）闭合，而正转的常闭触点 KS（13—15）断开。主电动机反转时，KS 反转，常开触点 KS（13—14）闭合，为主电动机正转或反转停止时的反接制动做准备。按停止按钮 SB1 后，主电动机的电源反接，迅速制动，转速降至速度继电器的复位转速时，其常开触点断开，自动切断三相电源，主电动机停转。具体的反接制动过程如下所述。

① 主电动机正转时的反接制动　　设主电动机为低速正转时，电器 KA1、KM1、KM3、KM4 的线圈通电吸合，KS 的常开触点 KS（13—18）闭合。按 SB1，SB1 的常闭触点（3—4）先断开，使 KA1、KM3 线圈断电，KA1 的常开触点（17—14）断开，又使 KM1 线圈断电，一方面使 KM1 的主触点断开，主电动机脱离三相电源，另一方面使 KM1（3—13）分断，使 KM4 断电；SB1 的常开触点（3—13）随后闭合，使 KM4 重新吸合，此时主电动机由于惯性转速还很高，KS（13—18）仍闭合，故使 KM2 线圈通电吸合并自锁，KM2 的主触点闭合，使三相电源反接后经电阻 R、KM4 的主触点接到主电动机定子绕组，进行反接制动。当转速接近零时，KS 正转常开触点 KS（13—18）断开，KM2 线圈断电，反接制动完毕。

② 主电动机反转时的反接制动　　反转时的制动过程与正转制动过程相似，但是所用的电器是 KM1、KM4、KS 的反转常开触点 KS（13—14）。

③ 主电动机工作在高速正转及高速反转时的反接制动　　反接制动过程可自行分析。在此仅指明，高速正转时反接制动所用的电器是 KM2、KM4、KS（13—18）触点；高速反转时反接制动所用的电器是 KM1、KM4、KS（13—14）触点。

（4）主轴或进给变速时主电动机的缓慢转动控制　　主轴或进给变速既可以在停车时进行，又可以在镗床运行中变速。为使变速齿轮更好的啮合，可接通主电动机的缓慢转动控制电路。

当主轴变速时，将变速孔盘拉出，行程开关 SQ3 常开触点 SQ3（4—9）断开，接触器 KM3 线圈断电，主电路中接入电阻 R，KM3 的辅助常开触点（4—17）断开，使 KM1 线圈断电，主电动机脱离三相电源。所以，该机床可以在运行中变速，主电动机能自动停止。旋转变速孔盘，选好所需的转速后，将孔盘推入。在此过程中，若滑移齿轮的齿和固定齿轮的齿发生顶撞时，则孔盘不能推回原位，行程开关 SQ3、SQ5 的常闭触点 SQ3（3—13）、SQ5（15—14）闭合，接触器 KM1、KM4 线圈通电吸合，主电动机经电阻 R 在低速下正向启动，接通瞬时点动电路。主电动机转动转速达某一转时，速度继电器 KS 正转常闭触点 KS（13—

15) 断开，接触器 KM1 线圈断电，而 KS 正转常开触点 KS(13—18) 闭合，使 KM2 线圈通电吸合，主电动机反接制动。当转速降到 KS 的复位转速后，则 KS 常闭触点 KS(13—15) 又闭合，常开触点 KS(13—18) 又断开，重复上述过程。这种间歇的启动、制动，使主电动机缓慢旋转，以利于齿轮的啮合。若孔盘退回原位，则 SQ3、SQ5 的常闭触点 SQ3(3—13)、SQ5(15—14) 断开，切断缓慢转动电路。SQ3 的常开触点 SQ3(4—9) 闭合，使 KM3 线圈通电吸合，其常开触点 (4—17) 闭合，又使 KM1 线圈通电吸合，主电动机在新的转速下重新启动。

进给变速时的缓慢转动控制过程与主轴变速相同，不同的是使用的电器是行程开关 SQ4、SQ6。

23.2.2 主轴箱、工作台或主轴的快速移动

该机床各部件的快速移动，由快速手柄操纵快速移动电动机 M2 拖动完成的。当快速手柄扳向正向快速位置时，行程开关 SQ9 被压动，接触器 KM6 线圈通电吸合，快速移动电动机 M2 正转。同理，当快速手柄扳向反向快速位置时，行程开关 SQ8 被压动，KM7 线圈通电吸合，M2 反转。

23.2.3 主轴进刀与工作台联锁

为防止镗床或刀具的损坏，主轴箱和工作台的机动进给，在控制电路中必须互联锁，不能同时接通，它是由行程开关 SQ1、SQ2 实现。若同时有两种进给时，SQ1、SQ2 均被压动，切断控制电路的电源，避免机床或刀具的损坏。

23.3 T68 型镗床典型故障分析

23.3.1 主轴电动机正向启动正常，但不能反向启动

(1) 故障分析　从故障现象中可以判断出主轴电动机 M1、主电路电源、控制电路电源是正常的，故障可能出现在以下几个方面。

① SB3 的触头或其接线是否良好？

② 中间继电器 KA1 触头或其接线是否良好？

③ 中间继电器 KA2 的线圈、触头与其接线是否良好？

④ 接触器 KM1 的辅助触头或其接线是否良好？

⑤ 接触器 KM2 的线圈、主触头与其接线是否良好？

⑥ 机械部分是否堵塞？

(2) 故障检查　采用电阻测量法，检查流程如图 23-4 所示。

23.3.2 主轴电动机低速运行正常，但不能实现高速运行

(1) 故障分析　从故障现象中可以判断出 KM1、KM3、KM4 工作正常，主轴电动机 M1、主电路电源、控制电路电源也是正常的，故障可能出现在以下几个方面。

① SQ7 的触头或其接线是否良好？

② 时间继电器 KA1 线圈或其接线是否良好？

③ 时间继电器 KA1 触头 (4—22) 或其接线是否良好？

④ 接触器 KM4 的触头 (22—23) 或其接线是否良好？

⑤ 接触器 KM5 线圈或其接线是否良好？

⑥ 主电路中接触器 KM5 的主触头或其接线是否良好？

⑦ 机械部分是否堵塞？

(2) 故障检查　采用电压、电阻综合测量法，检查流程如图 23-5 所示。

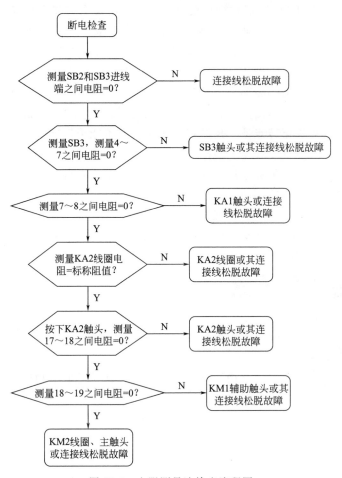

图 23-4　电阻测量法检查流程图

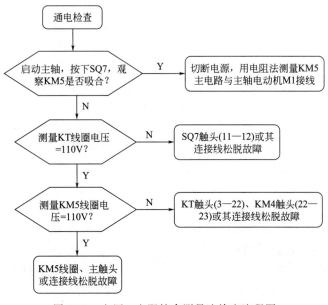

图 23-5　电压、电阻综合测量法检查流程图

23.3.3　主轴电动机 M1 不能进行正反转点动、制动及主轴和进给变速冲动控制

（1）故障分析　产生这种故障的原因是往往在上述各种控制电路的公共回路上出现故障。如果伴随着不能进行低速运行，则故障可能在控制线路 13-20-21-0 中有断开点，否则，故障可能在主电路的制动电阻器 R 及引线上有断开点，若主电路仅断开一相电源时，电动机还会伴有缺相运行时发出的嗡嗡声。

（2）故障检查　采用电压测量法，此项检查流程图由读者自己完成。

23.3.4　主轴电动机正转点动、反转点动正常，但不能正反转

（1）故障分析　故障可能在控制线路 4-9-10-11-KM3 线圈-0 中有断开点。

（2）故障检查　采用电阻测量法，此项检查流程图由读者自己完成。

23.3.5　主轴电动机不能制动

（1）故障分析　可能原因有：速度继电器损坏、SB1 中的常开触点接触不良、3、13、14、16 号线中有脱落或断开、KM2(14—16)、KM1(18—19) 触点不通。

（2）故障检查　采用电阻测量法，此项检查流程图由读者自己完成。

23.4　电气故障排除训练

23.4.1　训练内容

T68 型卧式镗床电气控制线路的故障分析与处理。

23.4.2　工作准备

工具：试电笔、电工刀、尖嘴钳、剥线钳、螺钉旋具、活扳手和烙铁等。

仪表：万用表、兆欧表、钳形电流表。

23.4.3　实训设备

T68 型卧式镗床电气控制模拟装置。

23.4.4　训练步骤

（1）熟悉 T68 型卧式镗床电气控制模拟装置，了解装置的基本操作，明确各种电器的作用。掌握 T68 型卧式镗床电气控制原理。

（2）查看装置背面各电器元件上的接线是否牢固，各熔断器是否安装良好，故障设置单元中的微型开关是否处于向上位置（向上为正常状态，向下为故障状态），并完成所负载和控制变压器的接线。

（3）独立安装好接地线，设备下方垫好绝缘垫，将各开关置分断位置。

（4）在老师的监督下，接上三相电源。合上 QF1，电源指示灯亮。

（5）主轴电动机低速正向运转，按 SB2→KA1 吸合并自锁，KM3、KM1、KM4 吸合，主轴电动机 M1 "△" 接法低速运行。按 SB1，主轴电动机制动停转。

（6）主轴电动机高速正向运行，按 SB2→KA1 吸合并自锁，KM3、KT、KM1、KM4 相继吸合，使主轴电动机 M1 接成 "△" 低速运行；延时后，KT(13—20) 断，KM4 释放，同时 KT(13—22) 闭合，KM5 通时吸合，使 M1 换接成 YY 高速运行。按 SB1→主轴电动机制动停转。

主轴电动机的反向低速、高速操作可按 SB3，参与的电器有 KA2、KT、KM3、KM2、KM4、KM5，可参照上面步骤进行操作。

（7）主轴电动机正反向点动操作，按 SB4 可实现电动机的正向点动，参与的电器有 KM1、KM4；按 SB5 可实现电动机的反向点动，参与的电器有 KM2、KM4。

（8）主轴电动机反接制动操作，当按 SB2，主轴电动机 M1 正向低速运行，此时：

KS(13—18) 闭合，KS(13—15) 断。在按下 SB1 按钮后，KA1、KM3 释放，KM1 释放，KM4 释放，SB1 按到底后，KM4 吸合，KM2 吸合，主轴电动机 M1 在串入电阻下反接制动，转速下降至 KS(13—18) 断，KS(13—15) 闭合时，KM2 失电释放，制动结束。

当按 SB2，主轴电动机 M1 高速正向运行，此时：KA1、KM3、KT、KM1、KM5 为吸合状态，速度继电器 KS(13—18) 闭合，KS(13—15) 断。

在按下 SB1 按钮后，KA1、KM3、KT、KM1 释放，而 KM2 吸合，同时 KM5 释放，KM4 吸合，电动机工作于"△"下，并串入电阻反接制动至停止。

（9）主轴变速与进给变速时的主轴电动机操作，将 SQ3、SQ5 置"主轴变速"位，此时主轴电动机工作于间隙地启动和制动。获得低速旋转，便于齿轮啮合。电器状态为：KM4 吸合，KM1、KM2 交替吸合。将此开关复位，变速停止。

（10）主轴箱、工作台或主轴的快速移动操作，均由快进电动机 M2 拖动，电动机只工作于正转或反转，由行程开关 SQ9、SQ8 完成电气控制。

[特别提示]

装置初次试运行时，可能会出现主轴电动机 1M 正转、反转均不能停机的现象，这是由于电源相序接反引起，此时应马上切断电源，把电源相序调换即可。

（11）在掌握 T68 型卧式镗床的基本操作之后，按图 23-6 所示，由老师在主电路或控制电路中任意设置 2～3 个电气故障点。由学生自己诊断电路，分析处理故障，并在电气故障图中标出故障点。

（12）设置故障点时，应注意做到隐蔽，一般不宜设置在单独支路或单一回路中。故障现象尽可能不要相互掩盖。尽量不设置容易造成人身或设备事故的故障点。

23.4.5　工作要求

（1）学生应根据故障现象，先在原理图中正确标出最小故障范围的线段，然后采用正确的检查和排故方法，并在定额时间内排除故障。

（2）排除故障时，必须修复故障点，不得采用更换电器元件、借用触点及改动线路的方法。

（3）检修时，严禁扩大故障范围或产生新的故障，不得损坏电器元件。

23.4.6　操作注意事项

（1）设备操作应在教师指导下操作，做到安全第一。设备通电后，严禁在电器侧随意扳动电器件。进行故障排除训练时，尽量采用不带电检修。若带电检修，则必须有指导教师在现场监护。

（2）必须安装好各电动机、支架接地线、设备下方垫好绝缘橡胶垫，厚度不小于 8mm，操作前要仔细查看各接线端，有无松动或脱落，以免通电后发生意外或损坏电器。

（3）在操作中若发出不正常声响，应立即断电，查明故障原因。故障噪声主要来自电动机缺相运行，接触器、继电器吸合不正常等。

（4）在维修设备时不要随便互换线端处号码管。

（5）操作时用力不要过大，速度不宜过快；操作频率不宜过于频繁。

（6）实训结束后，应拔出电源插头，将各开关置分断位。

23.4.7　设备维护

（1）操作中，若发出较大噪声，要及时处理，如接触器发出较大嗡嗡声，一般可将该电器拆下，修复后使用或更换新电器。

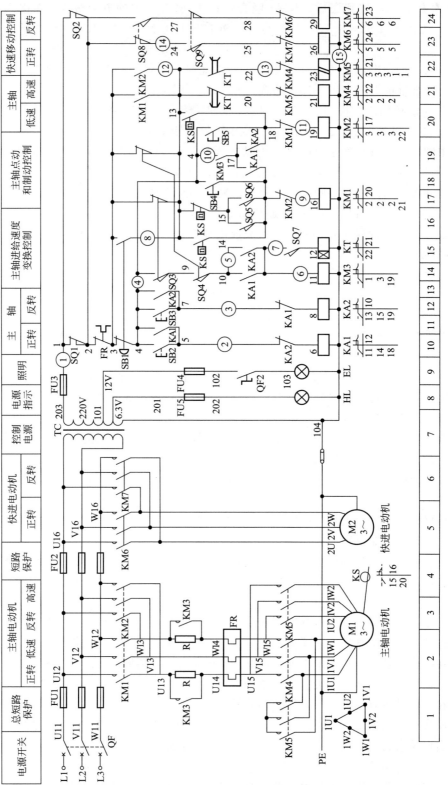

图23-6 T68卧式镗床电气控制故障图

（2）设备在经过一定次数的排故训练使用后，可能出现导线过短，一般可按原理图进行第二次连接，即可重复使用。

23.4.8 技能考核

（1）可采用小组考核与个人考核相结合的方法，对学生分析与处理故障的能力进行检查，要求在规定的时间内完成故障的检查和排除。

（2）说明每个故障存在的部位、故障性质以及造成后果。

（3）考查规范操作、安全知识、团队协作以及卫生环境。

项目 24 20/5t 桥式起重机电气控制原理分析

【本项目目标】

① 了解桥式起重机的主要结构和运动形式。
② 熟悉桥式起重机电路工作原理。
③ 掌握凸轮控制器、主令控制器的结构及控制原理。
④ 掌握桥式起重机的电气调试方法。

24.1 桥式起重机的主要结构和运动形式

24.1.1 20/5t 桥式起重机的主要结构

桥式起重机是桥架在高架轨道上运行的一种桥架型起重机，又称天车。桥式起重机的桥架沿铺设在两侧高架上的轨道纵向运行，起重小车沿铺设在桥架上的轨道横向运行，构成一矩形的工作范围，就可以充分利用桥架下面的空间吊运物料，不受地面设备的阻碍。这种起重机广泛用在室内外仓库、厂房、码头和露天贮料场等处。图 24-1 为 20/5t 桥式起重机的外形。

图 24-1 20/5t 桥式起重机的外形

桥式起重机的结构主要由机械、电气和金属结构三大部分组成。

机械部分由主起升机构、副起升机构（15t 以上才有）、小车运行机构和大车运行机构组成。其中包括：电动机、联轴器、传动轴、制动器、减速器、卷筒和车轮等。

金属结构主要由桥架（主梁、端梁、栏杆、走台、小车轨道）、司机室和小车架组成。

电气部分由电气设备和电气线路组成，包括桥吊的动力装置和各机构的启动、调速、换向、制动及停止等的控制系统。

（1）20/5t 桥式起重机主要结构及作用 图 24-2 为 20/5t 桥式起重机的结构示意图。桥式起重机主要由桥架、大车运行机构、小车运行机构、起升机构和电气设备组成。

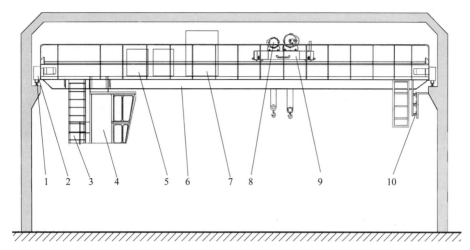

图 24-2　20/5t 桥式起重机的结构示意图

1—导轨；2—端梁；3—登梯；4—驾驶室；5—电阻箱；6—主梁；7—控制柜；
8—起重电动机；9—起重小车；10—供电滑触线

① 桥架　桥式起重机的桥架是由两根主梁、两根端梁、走台和防护栏杆等构件组成，是金属结构，它一方面承受着满载的起重小车的轮压作用，另一方面又通过支承桥架的运行车轮，将满载的起重机全部重量传给了厂房内固定跨间支柱上的轨道和建筑结构，桥架的结构形式不仅要求自重轻又要有足够的强度、刚性和稳定性。

② 大车运行机构　大车运行机构的作用是驱动桥架上的车轮转动，使起重机沿着轨道作纵向水平运动。

③ 起重小车　起重小车是桥式起重机的一个重要组成部分，它包括小车架、起升机构和运行机构 3 个部分。其构造特点是，所有机构都是由一些独立组装的部件所组成，如电动机、减速器、制动器、卷筒、定滑轮组件以及小车车轮组等。小车架是支托和安装起升机构和小车运行机构等部件的机架，通常为焊接结构。

④ 轨道　轨道是用作承受起重机车轮的轮压并引导车轮的运行。所有起重机的轨道都是标准的或特殊的型钢或钢轨。它们既应符合车轮的要求，同时也应考虑到固定的方法。桥式起重机常用的轨道有起重机专用轨、铁路轨和方钢 3 种。

⑤ 驾驶室　桥式起重机的司机室分为敞开式、封闭式和保温式 3 种。司机室必须具有良好的视野。

⑥ 车轮　车轮又称走轮，是用来支承起重机自重和载荷并将其传递到轨道上，同时使起重机在轨道上行驶。车轮按轮缘形式可以分为双轮缘的、单轮缘的和无轮缘的 3 种。

（2）运动形式

① 大车运动　桥架沿铺设在两侧高架上的轨道纵向运行，采用制动器、减速器和电动机组合成一体的三合一驱动方式，驱动方式为分别驱动，即两边的主动车轮各用一台电动机驱动。

② 小车运动　起重小车沿铺设在桥架上的轨道横向运行。

③ 起升运动　起升运动由两台异步电动机驱动，电动机通过减速器带动卷筒转动，使钢丝绳绕上卷筒或从卷筒放下，以升降重物。通常在额定起重量超过 10t 的普通桥式起重机

上装有主、副两套起升机构，副钩的额定起重量一般为主钩的 15%～20%。

24.1.2　20/5t 桥式起重机的电气控制特点及要求

20/5t 桥式起重机共用 5 台绕线式异步电动机拖动，它们分别是副钩起重电动机 M1、小车移动电动机 M2、大车移动电动机 M3 和 M4、主钩起重电动机 M5。它的控制特点如下。

（1）桥式起重机为适应在重载下频繁启动、反转、制动、变速等操作，主钩、副钩起重电动机应选用三相线式异步电动机，绕线式电动机转子回路串入适当电阻可达到最大启动转矩，从而减小启动电流，调节电阻使电动机有一定的调速范围，且用凸轮控制器进行操作。

（2）为适应桥式起重机大车移动，供电方式采用安全滑触线装置硬线供、馈电线路，三相电源是从沿着平行于大车导轨方向安装的厂房一侧主滑触线导管，通过受电器的电刷引入，在导管接线处设置三相电源指示灯。移动小车一般采用橡胶软电缆供、馈电线路，使用的软电缆常称拖缆。在桥架上安装钢缆，并与小车运动方向平行，钢缆从小车上支架孔内穿过，电缆通过吊环与承力尼龙绳一起吊装在钢缆上。

（3）主钩、副钩起重电动机要有合理的升降速度，空载、轻载速度快，减少升降时间，提高效率。重载要求速度慢，转速可降低为额定速度的 50%～60%，启动和制动停止前采用低速，以避免过大的机械冲击，在 30% 的额定速度附近可分成几个挡位，方便操作。

（4）吊钩下放重物时，是位能性负载力矩，电动机就可运行在电动状态（轻载）、倒拉反转状态（重载）或再生发电制动状态。

（5）当桥式起重机运行停止时，分别由各相应运行机构中的电磁制动器进行制动，以免发生事故。

（6）20/5t 桥式起重机必须有限位保护，限位开关包括小车前后极限限位开关，大车左右极限限位开关，主钩上升极限限位开关，副钩上升极限限位开关以及驾驶室门、舱盖出入口、桥式栏杆出入口的联锁保护限位开关等。

（7）起重机照明电源由 380V 电源电压经隔离变压器取得 220V 和 36V，其中 220V 用于桥下照明，36V 用于桥箱控制室内照明和桥架上维修照明，也作为警铃电源及安全行灯电源。控制室（桥箱）内电风扇和电热取暖设备的电源也用 220V 电源。

（8）有完备的零位、短路、接地和过载保护，为适应频繁启动、制动操作，过载保护采用过电流继电器进行保护。

24.2　桥式起重机电动机的电气控制电路

由于起重机是高空设备，所以对于安全性能要求较高。为了能很好地适应调速以及在满载下频繁启动，起重机都采用三相绕线转子异步电动机，在转子回路串入电阻器可改善启动性能，以调节启动转矩、减小启动电流。电阻器的阻值大小可以控制，从而可以进行速度调节。而对电动机的控制则采用凸轮控制器。因为在断续工作制下，启动频繁，故电动机不使用热继电器，而采用带一定延时的过电流继电器。

24.2.1　凸轮控制器

凸轮控制器是桥式起重机的主要电气控制设备，电动机的起停、调速、反向及正反转的联锁等功能都由凸轮控制器完成。

（1）凸轮控制器的型号及其含义如下。

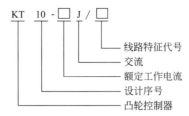

线路特征代号
交流
额定工作电流
设计序号
凸轮控制器

（2）凸轮控制器的结构介绍如下。

如图 24-3 所示为凸轮控制器的结构示意图。目前应用较多的是 KT10、KT12 及 KT14 型，额定电流有 25A 和 60A 两种。

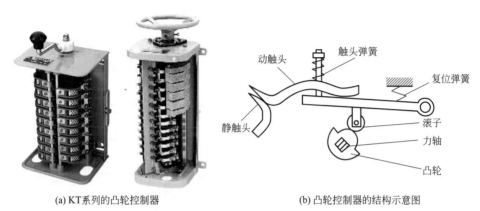

(a) KT 系列的凸轮控制器　　　　　　　　(b) 凸轮控制器的结构示意图

图 24-3　凸轮控制器的结构示意图

（3）一般 5t 桥式起重机所用的凸轮控制器，通常由三台 KT12-25J/1 凸轮控制器分别控制大车、小车及吊钩电动机。桥式起重机的电气控制原理图如图 24-4 和图 24-5 所示。

凸轮控制器的 12 对触点对电动机工作电源供给部分、电阻器切换部分和安全保护部分分别进行控制。其中 4 对为电源控制用，5 对为切换电阻用，2 对起限位作用，还有 1 对为零位控制起安全保护作用。

（4）凸轮控制器的功能如下。

控制电动机的启动与停止；改变电动机的运动方向；控制电阻器来限制电动机的启动电流并获得较大的启动转矩；切换电阻器的电阻值调节电动机的转速；可以适应起重机所要求的频繁启动与变速要求；可以防止起重机运动机构超过极限位置；保证在零位启动。

（5）对于大车及吊钩的运动，凸轮控制器所起的作用相同，但吊钩下降没有极限位置保护。因此应该特别注意，在吊钩无限制地下降时，当钢丝绳放完后仍会继续下降，此时卷扬部分就会将钢丝绳反绕而使吊钩上升。这样即使达到上升极限位置，限制上升极限位置的限位开关也不会起作用，这时就要发生严重事故。

24.2.2　电源控制电路的分析

（1）凸轮控制器的电源由电源线 2L1、2L3 供电，由过电流继电器 KI 的输出端引入。控制器的输出端分别接到小车电动机 M3，而定子绕组的 U3、V3、W3 则不通过控制器，而是直接由过电流继电器 KI 的输出端供给。

（2）控制器共分 5 挡，在控制器电路图中，凡有黑色圆点"·"的表示触点接通，否则表示断开，控制器电源部分的 4 对触点交叉连接以改变电源相序。当控制器手柄向左扳动时，控制器的转轴带动凸轮转动，使其中控制电动机正转的触点 2L3 与 W3 接通、2L1 与

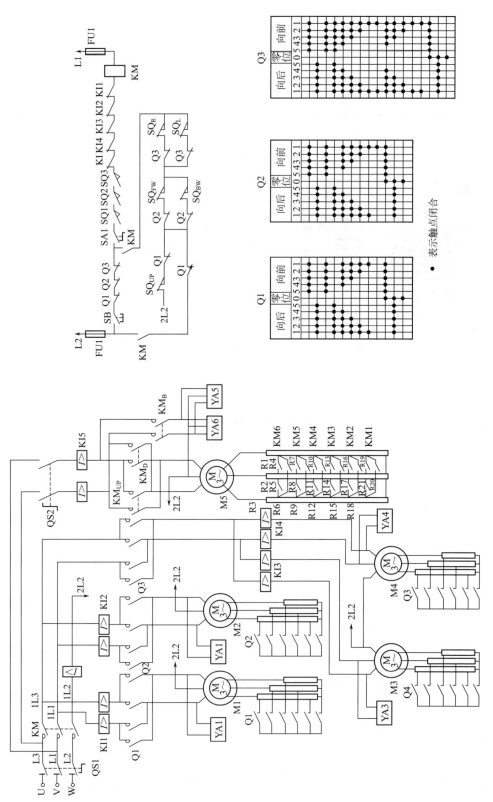

图 24-4 20/5t桥式起重机电气控制系统主回路

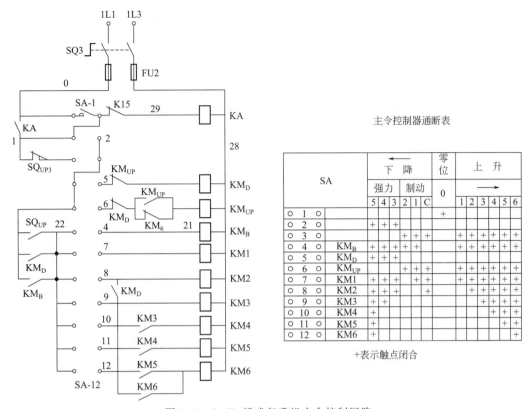

图 24-5　20/5t 桥式起重机主令控制回路

主令控制器通断表

SA	5	4	3	2	1	C	0	1	2	3	4	5	6
	下降 强力			下降 制动			零位	上升 →					
1								+						
2		+	+	+										
3					+	+	+		+	+	+	+	+	+
4 KM_B	+	+	+	+	+	+		+	+	+	+	+	+
5 KM_D	+	+	+											
6 KM_UP				+	+	+		+	+	+	+	+	+
7 KM1	+	+	+		+	+			+	+	+	+	+
8 KM2	+	+	+			+				+	+	+	+
9 KM3	+	+									+	+	+
10 KM4												+	+
11 KM5													+
12 KM6	+												+

+表示触点闭合

U3 接通，电动机正转。如控制器手柄向右扳动，这时 2L3 与 U3 接通、2L1 与 W3 接通，电动机电源相序改变，电动机反转。

24.2.3　电阻器控制电路分析

（1）凸轮控制器切换电阻器用 5 对触点，它们的通断情况由控制器的不同挡位来控制。控制器手柄扳动时，其触点的通断状态在左右方向时完全一致。

（2）在手柄处于第一挡时，所有 5 对触点都是断开状态，电动机转子串联所有的电阻，这时电动机启动，大电阻值限制了电动机的启动电流，并能获得较大的启动转矩，电动机处于最低速的运行状态。

（3）当控制器手柄扳到第二挡时，R5 至 R6 一段电阻被短接，串入电动机转子绕组中的电阻值减小，速度上升。根据控制器的控制电路图可以看出，在此后的几挡位置，这一对触点始终是闭合的。

（4）如继续升速，则将控制器手柄扳到第三挡，这时电阻器另一相电阻 R4～R6 被短接，电动机的转速再次升高。这样顺序工作到第五挡时，电阻器完全被短接，电动机处于最高速运转。

24.2.4　安全保护用触点控制电路分析

（1）凸轮控制器的安全保护有极限位置（终端）限位保护和零位启动保护两个方面。

（2）零位启动保护是由控制器的触点 1～2 来实现的。这对触点只有当控制器在零位时才闭合，其余挡位都是断开的。这对触点串入保护配电柜的启停控制电路，在零位时，才允许启动，并由接触器自锁。在其他各挡，这对触点虽然断开，但由于电源控制接触器的自锁而不会断电。如果起重机在正常运转情况下突然停电，或由于人为误操作将凸轮控制器的手柄脱离零位而处在任一方向的任一挡后，在电源恢复时，由于有了零位保护，就可避免起重机自行启动而造成事故。

（3）极限位置（终端）限位保护有两个开关，它们分别限制电动机正转（即控制器手柄向右，小车运动向后）及反转并串入对应的控制回路中，由控制器的两对触点4～5及4～3控制。在零位时，两对触点都闭合，手柄向右或向左均能正常启动电动机。但当手柄处在向右，即小车向后运动达到极限位置而撞开向后的行程开关SQBW，保护柜的总电源接触器失电掉闸，起重机停止运动。在控制器手柄回到零位后，启动主接触器，可以反方向扳动手柄，小车反向脱离极限位置。

24.2.5 保护配电柜

（1）起重机的保护配电柜起安全保护及配电作用。

（2）5t普通桥式起重机所用的保护配电柜一般为XQB1-150-3型。

（3）柜中电器元件主要有：三相刀开关、供电用的主接触器和总电源过电流继电器及各传动电动机保护用的过电流继电器等。

刀开关QS控制总电源。

主接触器KM用来控制起重机的工作。当主接触器吸合后，起重机处于准备工作状态，操作凸轮控制器可使各有关机构运动。当主接触器释放后，各运动机构的电动机就全部失去电源而停止工作。

（4）控制回路工作原理如下。

启动按钮与所有凸轮控制器的零位保护触点串联，只有保证所有凸轮控制器都处于零位时，才可能启动接触器，实现零位保护功能。

自锁回路中串联起重机各运动机构的极限位置行程开关：SQ_{UP}（上升限位）；SQ_{FW}、SQ_{BW}（小车前后）；SQ_L、SQ_R（大车左右）。当任一运行机构到达极限位置碰撞限位开关时，就会断开自锁回路，使主接触器释放，运行停止，起到极限位置保护作用。

在主接触器自锁回路中串接了安全保护开关SA1（紧急停止）和SQ1～SQ3（驾驶室门及顶盖等出入口保护）。SA1是为危机情况之下作紧急停止运行之用。SQ1～SQ3是为了检修等而设计的，当打开驾驶室顶盖的门就断开安全开关的触点，使主接触器不能吸合，以保障在桥架上工作的人员安全。

在主接触器的控制回路中还串联KI（过电流继电器）、KI1（各运动机构电动机保护用过电流继电器）等，它们都是各驱动电动机的过载保护元件。对过电流继电器，其整定值应为全部电动机额定电流总和的1.5倍，或电动机功率最大一台的额定电流的2.5倍再加上其他电动机额定电流的总和，而各电动机的过电流继电器，通常分别整定在所保护电动机额定电流的2.25～2.5倍。

24.2.6 制动器

（1）当桥式起重机运行停止时，分别由各相应运行机构中的制动器进行制动，以免发生事故。

（2）桥式起重机常用的制动器由电磁铁与制动器组合而成。当电磁铁失电时，制动电磁铁的弹簧使制动闸刹住制动轮（装在电动机转轴上）而制动，当电磁铁通电时，松开制动闸使电动机自由运转。它的电源线直接接在所制动的电动机定子电源端子上。这种得电松开，失电制动的设计，起到很好的安全保障作用。

24.2.7 电源馈线

（1）桥式起重机的供电由滑触线来实现。由于吊钩与小车一起在桥架上行走运动，也需要用滑触线馈电。

（2）供电方式有两种。

移动小车一般采用橡胶软电缆供、馈电线路，使用的软电缆常称拖缆。在桥架上安装钢缆，并与小车运动方向平行，钢缆从小车上支架孔内穿过，电缆通过吊环与承力尼龙绳一起吊装在钢缆上。电缆移动端与小车上支架固定连接以减少钢缆受力，钢缆上通常涂一层黏油进行润滑、防锈。

桥式起重机供电电源一般采用由安全供电滑触线装置构成的硬线供、馈电线路，这种安装方法安全、可靠、美观、节能、节电。

24.2.8 照明及桥厢内电路

（1）桥式起重机照明电源由 380V 电源经变压器取得 220V 和 36V 电压，其中 220V 用于桥架下的照明，36V 用于桥厢控制室内照明和桥架上的维修照明，控制室内电风扇和电热取暖设备采用 220V 电源。36V 也可作为警铃电源及安全手提灯电源。

（2）必须注意，该电路所取的 220V、36V 电源均不接地。

严禁利用起重机机壳作为电源回路。严禁利用起重机机体或轨道作为工作零线。

为了安全，除起重机要可靠接地外，还要保证起重机轨道必须接地或重复接地，接地电阻不得大于 4Ω。

24.3 桥式起重机常见电气故障的检修

24.3.1 控制电路故障及排除方法

（1）合上保护盘上的刀开关 QS 时，操作电路的熔断器 FU1 烧断。故障原因可能是操作电路中与保护机构相连接的一相接地，应检查绝缘电阻，并消除接地现象。

（2）按下启动按钮 SB1 后，主接触器 KM 不能接通。故障原因：可能是刀开关 QS 或紧急开关 SA1 未合上；也可能是线路无电压，或操纵电路的熔断器 FU1 烧断；也可能是凸轮控制器放在工作位置上，或驾驶室门及顶盖未关好（SQ1～SQ3 未闭合）；再就是接触器 KM 线圈坏了。可针对以上原因进行检查，采取相应的措施进行处理。

（3）当主接触器 KM 接通后，引入线上的熔断器 FU1 立即熔断。这是由于这一相对地短路，应找出对地短路点予以排除。

（4）当凸轮控制器合上后，过电流继电器（KI、KI1、KI2、KI3）动作。这种现象可能是过电流继电器的整定值不合适，应重新调整过电流继电器的过电流保护值，使其为电动机额定电流的 225%～250%；也可能是电动机定子线路有对地短路现象，可用绝缘电阻表找出绝缘损坏的地方进行处理；还可能是机械部分卡死，应检查机械部分并消除故障。

（5）当凸轮控制器合上时电动机不转动。可能是电动机缺相，或线路上无电压；也可能是控制器接触触点与铜片未接触；还可能是电动机转子电路断线，或集电器发生故障。可做进一步的检查，确定故障原因，并采取相应措施进行排除。

（6）凸轮控制器合上后，电动机仅能朝一个方向转动。检查控制器中定子电路或终端开关电路中的接触触点与铜片之间的接触是否良好，若接触不好，可调整接触触点，使它与铜片接触良好；检查终端开关工作是否正常，如果工作不正常，应予以调整或更换；检查接线是否有错误，找出故障并消除之。

（7）电动机不能给出额定功率，速度减慢。此时，应检查制动器是否完全松开，若没有松开，可调整制动机构；检查转子或电枢电路中的启动电阻是否完全短接，可检查控制器，并调整其接触触点；检查电源线路电压是否过低；检查机械结构是否卡住。

（8）当终端开关（SQ_{UP}、SQ_{FW}、SQ_{BW}、SQ_L、SQ_R）动作时，相应的电动机不断电。这种现象可能是终端开关电路有短路现象，或接到控制器的线路次序错乱，可检查有关的线路并排除故障。

（9）起重机运行中接触器 KM 有短时间断电现象。其原因可能是接触器线圈电路中联锁触点的压力不足，或电路中有接触不良的地方，应进一步检查确定故障原因并排除。

（10）操作控制器切断后，接触器 KM 不释放。故障原因可能是操作电路中有对地短路现象，找出短路点并排除之。

24.3.2 交流制动电磁铁（YA1、YA2、YA3）的故障及排除方法

（1）线圈过热故障。检查电磁铁的牵引力是否过载，可用调整弹簧压力或重锤位置的方法解决；检查在工作位置时电磁铁可动部分与静止部分之间是否有间隙，若有间隙则要进行调整，消除间隙；检查制动器的线圈电压是否与电源电压相符；线圈的特性是否与制动器的工作条件相符，如果不符，应更换合适的线圈。

（2）产生较大的响声故障。可能是电磁铁过载，可调整弹簧压力或变更重锤的位置；也可能是磁导件的工作表面脏，应清除其表面的脏污；还可能是磁路表面弯曲，可调整机械部分，消除磁路弯曲现象。

（3）电磁铁不能克服弹簧的弹性及重锤的重量故障。其原因可能是电磁铁过载，可调整制动器的机械部分；或是所用线圈电压大于电源线路电压，可更换线圈或将星形联结改为三角形联结；还可能是电源电压过低而引起的。

24.3.3 凸轮控制器的故障及排除方法

（1）控制器在工作过程中产生卡住或冲动现象。产生原因一般为接触触点粘在铜片上，或定位机构发生故障，可对接触触点的位置进行调整，或对固定销进行检查并修理。

（2）接触触点与铜片之间打火故障。可能是接触触点与铜片之间接触不良，或者是控制器过载所造成的。可相应调整接触触点对铜片的压力（利用调整螺钉或弹簧来调整），或改变工作方法或更换控制器。

（3）控制器圆片和指杆被烧坏。检查圆片与指杆接触是否足够紧，否则可调节指杆压力；检查控制器容量是否够，如果容量偏小则应更换大容量的控制器。

（4）磁力控制器不全部工作故障。可能是不工作的接触器电路中的联锁触点发生故障，可按起重机电路参数检查联锁点并进行调整修理；也可能是操纵控制器的触点发生故障，可按电路图检查并调整操纵控制器的触点。

（5）启动时电动机不平衡，在凸轮控制器的最后位置上有速度降低的现象。可能是转子回路有断开处，应检查转子回路接线，检查电阻器有无损坏；也可能是凸轮控制器和电阻器之间的接线有错误，应按原理图检查接线，并更正错误接线；还可能是凸轮控制器转子部分有故障，应修理或调整凸轮控制器。

24.4 20/5t 桥式起重机电气控制装置的调试

24.4.1 通电调试前的检查

（1）接线检查 检查各电气部件的连接是否漏接、错接或接头松脱。检查是否有碰线或短路现象。发现问题，及时处理，直至确认一切正常。

（2）绝缘检查 用 500V 绝缘电阻表测量线路的绝缘电阻，要求该阻值不低于 0.5MΩ，

潮湿天气不低于 0.25MΩ。

（3）检查过电流继电器的电流值整定情况　整定总过电流继电器 K4 的电流值为全部电动机额定电流之和的 1.5 倍；各个分过电流继电器电流值整定在各自所保护的电动机额定电流的 2.25～2.5 倍。

（4）电磁制动器的检查、调整　在投入运行前必须检查并预调整各电动机的电磁制动器（电磁抱闸），检查、调整内容如下。

电磁制动器的检查包括检查电磁制动器主弹簧有无损坏；闸瓦是否完好，是否贴合在制动轮上；检查制动瓦两端制动带是否完整有效；检查制动轮表面质量是否良好；检查固定螺母是否松动；检查电磁制动线圈接头连接是否可靠。

电磁制动器的调整主要包括制动杠杆、制动瓦、制动轮和弹簧等，如图 24-6 所示。

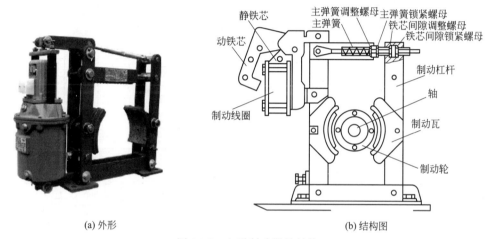

(a) 外形　　　　　　　　　　　　　　(b) 结构图

图 24-6　电磁制动器的结构

电磁力的调整就是调整两个铁芯（动铁芯与静铁芯）的间隙。首先松开制动杠杆上的锁紧螺母，旋动调整螺母，使得间隙在合理范围内，最后把旋紧螺母旋紧固定。

制动力矩的调整就是调整主弹簧的压缩量。先松开主弹簧锁紧螺母，把主弹簧调整螺母旋进（减小主弹簧长度，增大制动力矩）或拧出（增加弹簧长度，减小制动力矩）。调整完毕，将锁紧螺母旋紧固定。

制动瓦与制动轮间距的调整，要求在制动时，制动瓦紧贴在制动轮圆面上无间隙；松闸时，制动瓦松开制动轮，间隙应均匀。调整时，检查制动瓦两端与制动轮中心高度是否一致，轴心是否重合，否则，通过调整垫片使其轴心位置充分接近。再检查制动时贴合面的情况，要求贴合均匀，无间隙。最后，单独给电磁制动器施加松开试车电源，使其松开，检查制动轮与制动瓦上、中、下三个位置的间隙，要求间隙均匀一致，左右两面间隙也应一致，制动器制动和松开灵活可靠。调整完毕，撤去试车电源，恢复电气连接。

24.4.2　桥式起重机的调试

（1）通电检查　接通桥式起重机的电源总开关，这时，三相电源指示灯应指示正常，桥箱控制室照明灯亮，观察安全滑触线及其他各部分电气线路静态通电电压值正常，才可开车调试。

（2）大车、小车、副钩控制电路的调试　大车、小车、副钩的控制都是由凸轮控制器及保护柜来完成的。

① 电动机定子回路的调试　在断电情况下，顺时针方向扳动凸轮控制器操作手柄，同

时 用万用表 R×1Ω 挡测量 2L3—W 及 2L1—U，在 5 挡速度内应始终保持导通；逆时针扳动手柄，在 5 挡速度内测量 2L3—U 及 2L1—W，也应始终处于接通状态。把手柄置中间"零"位，则 2L1、2L3 与 U、W 均应断开。

② 电动机转子回路的测试 在断电情况下扳动手柄，测量电阻器的短路情况。沿正方向 旋转手柄变速，将 R1～R6 各点之间逐个短接，用万用表 R×1Ω 挡测量。当转动 5 个挡位时，要求 R5、R4、R3、R2、R1 各点依次与 R6 点短接。反向转动手柄，短接情况相同。这样就能逐级调节电动机转速并输出转矩，如图 24-7 所示。

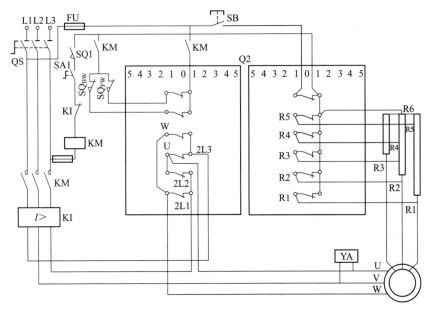

图 24-7 20/5t 桥式起重机小车控制电路 1

③ 零位启动校验 首先在断电情况下将各保护开关置正常工作状态（全部为闭合）。把凸轮控制器置"零"位。短接 KM 线圈，用万用表测量 L1～L3。当按下启动按钮 SB 时应为导通状态。然后松开 SB，手动使 KM 压合，在零位时，测试 L1～L3 仍然导通，这样"零"位启动就有了保障。如果把凸轮控制器从"零"位扳开，用同样的方法测量，L1～L3应不通，也就是起重机非零位不能启动。

④ 保护功能校验 此项校验前面的步骤与零位启动校验相同，短接 KM 辅助触点和线圈接点，用万用表测量 L1～L3 应导通，这时手动断开 SA1、SQ1、SQ_{FW}、SQ_{BW} 任一个（正向旋转凸轮控制器时，假设小车向前运动，触压 SQ_{FW} 使其动触点断开，反之 SQ_{BW} 触点断开），L1～L3 应断开，这样就实现了保护功能。

⑤ 保护配电柜功能调试 保护配电柜是用来馈电和进行安全保护的，其电路如图 24-8 所示。其功能为：通过调整过电流继电器实现对所有电动机的保护；紧急开关用来实现故障保护；调整限位开关可对起重机起限位保护作用；"零"位启动功能是保证断电后必须复位，以防止事故发生。

上述测试、调整完毕后，先将校验时各短路点复位，然后通电试车，按上述操作过程和方法试车直至正常。

在进行大车调试时，先将两个大车运行电动机与变速箱之间的连接拆去，在确认转向相符后才能接上进行调试，以免两电动机转向不同造成事故。再仔细检查两电动机的调速电

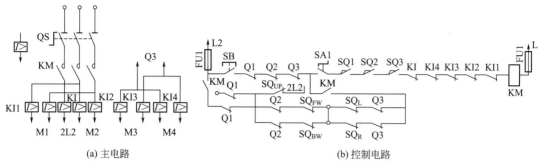

图 24-8 20/5t 桥式起重机小车控制电路 2

阻，保证两电动机输出同步，速度相同，否则会因速度不同导致起重机晃动或损坏电动机。

（3）主钩上升控制的"零"位调试 在不接通电源的情况下调试主钩上升控制电路，检查、测试每个接触器触点连接及短接电阻器的情况。"零"位启动测试是把主令控制器手柄扳到"零"位，用万用表测量 1-29 是否导通。确认导通后，将手柄扳到其他挡位，1-29 不应导通。确认"零"位功能正常。

（4）主钩上升控制的通电调试 在断开电源的情况下，将电动机与磁力控制盘的连接线断开并妥善处理好脱下的线头，防止碰线短路，确保安全。然后模拟操作控制电路，检查、测量对应接触器的动作情况及触点闭合情况，具体操作如下：

接通电源，合上 QS1、QS2 使主钩电路的电源接通，合上 QS3 使控制电源接通。首先测量各供电电源是否正常，如确认正常则开始调试。

将主令控制器置"零"位，SA-1 接通，用万用表 AC 500V 挡测 1-29 之间的电压。这时，KA 应动作吸合。确认 KA 动作正常后，将手柄 SA-1 从"零"位移开，确认 1-29 电压仍保持正常。然后，断开电源，重新启动，重复上述程序，正常后，说明"零"位保护功能正常。

把控制手柄扳到上升第一挡，确认 SA-3、SA-4、SA-5、SA-7 闭合良好。KM1 应动作，YA5、YA6 也应动作。然后检测 R19～R21 间的接通情况，确认 M1 动作可靠。

将主令控制器操作手柄置上升第二挡时，除了上升第一挡时各接触器触点闭合外，SA-8 也闭合，用同样方法测量 R16～R18 间的导通情况，确认 KM2 动作灵活并可靠地闭合。

将控制手柄置上升第三挡，确认 KM3 动作灵活。然后测试 R13～R15 间应短接，由此确认 KM3 可靠地吸合。

同样将控制手柄置于上升第四挡，除了上述已闭合的触点的检测外，KM4 动作灵活，检测并确认此时 R10～R12 的短接情况良好。

旋转主令控制器操作手柄，置于上升第五挡，用同样的方法检测并确认 KM5 动作灵活、可靠地吸合，确认 R7～R9 被 KM5 可靠地短接。

将控制器手柄旋转到上升第六挡，这时除了确认以上闭合接触器外，还要确认 KM6 动作良好，并且使 R4～R6 可靠地短接。至此，主钩上升控制器的第二步调试工作全部结束。

（5）主钩上升控制的第三步调试 其将电动机接入线路。具体操作方法如下。

首先断开电源，将断开的电动机与磁力控制盘的连接线重新连接好后，接通电源，开始以下调试。

"零"位启动，即将主令控制器操作手柄置"零"位，然后将主令控制器从"零"位移开，人为地断电再重新恢复电源（不能自复位），确认只有把主令控制器手柄置"零"位才能再次启动。调试符合要求，则说明零压保护功能正常。

将控制器手柄旋转到上升第一挡，KM_{UP}、KM_B 和 K1 相继吸合，电动机 M5 转子处于较高电阻状态下运转，主钩应低速上升。

顺次旋转控制手柄，扳到上升第二挡、第三挡、第四挡、第五挡、第六挡，并且在每一挡上停留一段时间，观察主钩上升速度的变化。确认每上升一挡，与转子连接电阻短接一段，其速度逐步上升直到最高速度。检查电动机及电气元件有无发热、声音异常等现象。

确认上述试车正常后，将手柄扳到上升第一挡，保持继续上升，直至使 SQ_{UP} 限位开关动作。这时，SA-3 断开，从而切断主令控制器电源，使 KM_B 复位，YA 复位，电磁制动器制动运动轴，从而使上升运动停止。

为确保安全，在调试时，可首先将主钩上升极限位置限位开关下调到某一位置，确认限位开关保护功能正常后，再恢复到正常位置。

（6）主钩下降控制调试　控制电路的调整同样也分三步进行。第一步同主钩上升控制电路调整的第一步；第二步是校验线路连接与确认各电器件动作；第三步是电动机主钩下降空载试车。

第二步调试操作：首先在电源断开情况下，将电动机连接线断开并妥善处理，防止碰线或短路。然后接通电源开关 SQ1、SQ2 以及 SQ3，接通试车电源。

根据电气控制图所示的电路及 SA 主令控制器通断表，将主令控制器操作手柄置于"零"位，然后置下降第一挡位"C"（下降准备挡），确认 KM_{UP}、KM1 和 KM2 动作灵活、可靠。

操纵手柄将主令控制器置下降第二挡位即制动"1"挡，按上项进行调试，电磁制动器应动作，观察电磁制动器动作情况，确认 KMB 动作可靠。

将主令控制器置下降方向的第三挡位即制动"2"挡，这时观察确认 KM_{UP}、KMB 控制器动作可靠，方法同上。

置下降第四挡位即强力下降"3"挡，观察 KMD、KMB、KM1，KM2 各接触器的动作情况，确认相关各接触器可靠吸合，KMD 接通主钩电动机下降电源，而 KM1，KM2、短接了 R16～R22、R17～R22、R18～R22 各段电阻。

将手柄置下降第五挡位即强力下降"4"挡，除了确认几个接触器动作正常外，还有 KM3 可靠吸合。测量并确认 R13～R15 间可靠短接，电阻为零，即 R13～R22、R14～R22、R15～R22 各段电阻已被短接。

把主令控制器置于最后第六挡位，即强力下降"5"挡，确认 KM4、KM5、KM6 可靠地动作，检查其短接电阻情况，确认其工作正常、短接可靠。

第三步主要调试要点和注意事项如下。

在下降方向，第一挡、第二挡、第三挡均为制动挡。电磁制动器 YA 在第一挡位"C"（准备挡）时没有松开，到第二挡、第三挡时才松开，所以在第一挡不允许停留时间过长，最长不得超过 3s。

在下降方向的三个制动挡位时，对电动机供给正向电压，当空载或负载过轻时，不但不能下降，反而会被提升。而重载时，主钩运动被反接制动控制慢速下降。因此该操作过程不允许超过 3s。

空载慢速下降，可以利用制动"2"挡配合强力下降"3"挡交替操纵实现控制。在"2"挡停留时间不宜过长。

（7）吊钩加载试车　空载调试完毕，确认各控制功能无误后，便可进行加载试车。加载要逐步进行，慢慢增 加负载。加载过程中，注意：是否有异常声音、发热、打火、异味等不正常情况；同时检查电磁制动器的工作情况。加载至额定负载即告调试结束；调试时，非调试人员应离开现场，进入安全区；保证各极限位置行程开关的动作可靠性；确保电磁制动能有效地制动；由熟练的操作人员配合操作。

思考与练习题

一、判断题（将答案写在题后的括号内，正确的打"√"，错误的打"×"）

1. 电动机由于电源电压、频率等引起的故障，称为电动机的外部故障。（　　）

2. 用校灯检查故障时，对于查找断路故障时使用大容量的灯泡为宜；对于接触不良而引起的故障时，要用较小功率的灯泡。（　　）

3. 短接法只适用于检查压降极小的导线和触点之间的断路故障。对于压降较大的电器，不能采用短接法，否则就会出现短路故障。（　　）

4. 在潮湿环境中使用可移动电器，必须采用额定电压为 36V 的低电压电器。（　　）

5. 当电气设备或电气线路发生火警时，要尽快切断电源，防止火情蔓延并用泡沫灭火器灭火。（　　）

6. CA6140 型车床只能削外圆、不能加工内圆端面。（　　）

7. CA6140 型车床的主轴电动机 M1 进行正、反转运行时。采用电气方法来实现。（　　）

8. CA6140 型车床的主轴、冷却、刀架快速移动分别由两台电动机拖动。（　　）

9. M7120 平面磨床的主运动是指砂轮的旋转运动。（　　）

10. 电磁吸盘是用来吸住工件以便进行磨削，它的优点是夹紧迅速、操作简便、不损伤工件、磨削中工件发热可自由伸缩，不会变形等。（　　）

11. M7120 平面磨床是通过液压装置来实现工作台的往复运动和砂轮横向的连续与断续进给。（　　）

12. 在 MGB1420 万能磨床的晶闸管直流调速系统中，工件电动机必须使用三相异步电动机。（　　）

13. MGB1420 万能磨床晶闸管直流调速系统中，由运算放大器 AJ、V38、V39 等组成电流截止负反馈环节。（　　）

14. 在 MGB1420 万能磨床晶闸管直流调速系统中，调节 RP5 阻值大小，可以调节反馈量的大小。（　　）

15. MGB1420 万能磨床晶闸管直流调速系统控制回路的辅助环节中，由 C2、C5、C10 等组成积分校正环节。（　　）

16. 在 MGB1420 万能磨床晶闸管直流调速系统控制回路电源部分，由 V9 经 R20，V30 稳压后取得 +15V 电压，以供给定信号电压和电流截止负反馈等电路使用。（　　）

17. MGB1420 万能磨床控制回路电气故障检修时，自动循环磨削加工时不能自动停机。可能是电磁阀 YT 线圈烧坏，应更换线圈。（　　）

18. 在 MGB1420 万能磨床中，工件电动机空载通电调试时，把电动机转速调到 700～800r/min 的范围内，加大电动机负载使电流值达到额定电流的 1.4 倍。（　　）

19. 在 MGB1420 万能磨床中，工件电动机转速稳定调整时，调节 RP4 便可调节电流正反馈强度。（　　）

20. 在 MGB1420 万能磨床的工件电动机控制回路中，将 SA1 扳在试挡时，直流电动机 M 处于低速点动状态。（　　）

21. 在 MGB1420 万能磨床的自动循环工作电路系统中，通过有关电气元件与油路、机械方面的配合实现磨削手动循环工作。（　　）

22. 在 MGB1420 万能磨床晶闸管直流调速系统控制回路的基本环节中，V34 为移相触发器。（　　）

23. Z3050 型摇臂钻床是一种立式摇臂钻床机床，主要用于对大型零件钻孔、扩孔、铰孔、镗孔和螺纹等。（　　）

24. 在 Z3050 型摇臂钻床中，摇臂的夹紧和放松以及立柱的夹紧和放松由两台异步电动机配合液压装置来完成。（　　）

25. X62W 型万能铣床的进给运动是指工作台在六个方向的移动，即工作台作纵向（左、右）移动；作横向（前、后）移动；作垂直（上、下）移动。（　　）

26. 在 X62W 型万能铣床的控制电路中，进给电动机不一定在主轴电动机启动后才能进行工作。（　　）

27. T68 型卧式镗床的主运动是指主轴轴向移动、主轴箱的垂直移动。（　　）

28. 由于 T68 镗床主轴调速范围较大，且要求恒功率输出，所以主轴电动机采用 Y/YY 双速电动机。（　　）

29. 20/5t 桥式起重机限位开关包括小车前后极限限位开关，大车左右极限限位开关，但不包括主钩上升极限限位开关。（　　）

30. 20/5t 桥式起重机敷线时，进入接线端子箱时，线束用导线捆扎。（　　）

31. 在桥式起重机操纵室进行控制配线时，先要准备好号码标示管，在对号的同时给线上套好号码标示管并做线结，以防号码标示管脱落。（　　）

32. 桥式起重机由于小车的运动特点，通常采用软线、硬线及软线硬线并用来组成供、馈电线路。（　　）

33. 20/5t 桥式起重机调整制动瓦与制动轮的间距时，要求在制动时，制动瓦紧贴在制动轮圆面上无间隙。（　　）

34. 起重机照明电路中，36V 可作为警铃电源及安全行灯电源。（　　）

35. 起重机信号电路所取的电源，严禁利用起重机壳体或轨道作为工作零线。（　　）

36. 为确保安全，20/5t 桥式起重机主钩上升控制调试时，可首先将主钩上升极限位置开关下调到某一位置，确认限位开关保护功能正常后，再恢复到正常位置。（　　）

二、选择题（只有一个正确答案，将正确答案填在括号内）

1. CA6140 型车床中控制电路的电源由变压器 TC 的二次侧输出，其电压为（　　）V。

A. 380V　　　　B. 220V　　　　C. 127V　　　　D. 110V

2. 机床的电气连接时，所有接线应（　　），不得松动。

A. 连接可靠　　B. 长度合适　　C. 整齐　　　　D. 除锈

3. 较复杂机械设备的电气控制线路调试原则是（　　）。

A. 先部件，后系统　　　　　　　　B. 先闭环，后开环

C. 先外环，后内环　　　　　　　　D. 先电动机，后阻性负载

4. CA6140 型车床是最为常见的金属切削设备，其机床电源开关在机床（　　）。

A. 右侧　　　　B. 正前方　　　C. 左前方　　　D. 左侧

5. 在 MGB1420 万能磨床的冷却泵电动机控制回路中，接通电源开关 QS1 后，220V 交流控制电压通过开关 SA2 控制接触器（　　），从而控制液压、冷却泵电动机。

A. KM1　　　　B. KM2　　　　C. KM3　　　　D. KM4

6. MGB1420 万能磨床晶闸管直流调速系统控制回路的辅助环节中，V19、（　　）组成电流正反馈环节。

A. R26　　　　B. R29　　　　C. R36　　　　D. R38

7. 在 MGB1420 万能磨床晶闸管直流调速系统控制回路的辅助环节中，由 R29、R36、（　　）组成电压负反馈电路。

A. R27　　　　B. R26　　　　C. R37　　　　D. R38

8. MGB1420 万能磨床电动机空载通电调试时，将 SA1 开关转到"开"的位置，中间继电器 KA2 接通，并把调速电位器接入电路，慢慢转动 RP1 旋钮，使给定电压信号（　　）。

A. 逐渐上升　　B. 逐渐下降　　C. 先上升后下降　　D. 先下降后上升

9. MGB1420 万能磨床中，若放电阻选得过大，则（　　）。

A. 晶闸管不易导通　　　　　　　　B. 晶闸管误触发

C. 晶闸管导通后不关断　　　　　　D. 晶闸管过热

10. 在 MGB1420 万能磨床晶闸管直流调速系统控制回路的基本环节中，（　　）为功率放大器。

A. V33　　　　B. V34　　　　C. V35　　　　D. V37

11. 在 MGB1420 万能磨床晶闸管直流调速系统控制回路的辅助环节中，由 C15、（　　）、R27、RP5 等组成电压微分负反馈环节，以改善电动机运转时的动态特性。

A. R19　　　　B. R26　　　　C. RP2　　　　D. R37

12. 在 MGB1420 万能磨床晶闸管直流调速系统的主回路中，直流电动机 M 的励磁电压由 220V 交流电源经二极管整流取得（　　）左右的直流电压。

A. 110V　　　　　　B. 190V　　　　　　C. 220V　　　　　　D. 380V

13. 在 MGB1420 万能磨床晶闸管直流调速系统控制回路中，由控制变压器 TC1 的二次绕组经整流二极管（　　）、V12、三极管 V36 等组成同步信号输入环节。

A. V6　　　　　　　B. V21　　　　　　　C. V24　　　　　　　D. V29

14. 在 MGB1420 万能磨床中，充电电阻 R 的大小，是根据晶闸管移相范围的要求及（　　）来决定的。

A. 充电电容器 C 的大小　　　　　　　　B. 晶闸管是否触发

C. 晶闸管导通后是否关断　　　　　　　 D. 晶闸管是否过热

15. 20/5t 桥式起重机安装前检查各电器是否良好，其中包括检查（　　）、电磁制动器、凸轮控制器及其他控制部件。

A. 电动机　　　　　B. 过电流继电器　　　C. 中间继电器　　　D. 时间继电器

16. 20/5t 桥式起重机安装前应准备好辅助材料，包括电气连接所需的各种规格的导线，压接导线的线鼻子、绝缘胶布及（　　）等。

A. 剥线钳　　　　　B. 尖嘴钳　　　　　　C. 电工刀　　　　　D. 钢丝

17. 20/5t 桥式起重机通电调试前的绝缘检查，应用 500V 兆欧表测量设备的绝缘电阻，要求该阻值不低于 0.5 兆欧，潮湿天气不低于（　　）。

A. 0.25MΩ　　　　　B. 1MΩ　　　　　　 C. 1.5MΩ　　　　　 D. 2MΩ

18. 20/5t 桥式起重机吊钩加载试车时，加载过程中要注意是否有（　　）、声音等不正常现象。

A. 电流过大　　　　B. 电压过高　　　　　C. 异味　　　　　　D. 空载损耗大

19. 桥式起重机接地体制作所用扁钢、角钢均要求（　　）。

A. 表面镀锌　　　　B. 整齐　　　　　　　C. 表面清洁　　　　D. 硬度

20. 20/5t 桥式起重机主钩下降控制过程中，空载慢速下降，可以利用制动性"2"挡配合强力下降（　　）挡，交替操纵实现控制。

A. 1　　　　　　　　B. 3　　　　　　　　C. 4　　　　　　　　D. 5

21. 20/5t 桥式起重机吊钩加载试车时，加载要（　　）。

A. 快速进行　　　　B. 先快后慢　　　　　C. 逐步进行　　　　D. 先慢后快

22. 桥式起重机电线进入接线端子时，线束用（　　）捆扎。

A. 绝缘胶布　　　　B. 蜡线　　　　　　　C. 软导线　　　　　D. 硬导线

23. 20/5t 桥式起重机主钩下降控制线路校验时，置下降第四挡位，观察 KMD、KMB、KM1、（　　）可靠吸合，KMD 接通主钩电动机下降电源。

A. KM2　　　　　　B. KM3　　　　　　　C. KM4　　　　　　D. KM5

三、简答题

1. 机床电气故障通常分为哪几大类？

2. 机床电气故障检修的一般步骤是什么？

3. 简述电气故障检修的一般方法。

4. 机床电气故障检修技巧有哪些？

5. 常用的机床电路故障检修方法有哪些？

6. CA6140 型卧式车床主轴电动机的控制特点是什么？

7. 在 M7120 型磨床中，为什么采用电磁吸盘来吸持工件？

8. 在 Z3050 型摇臂钻床电路中，断电延时型时间继电器 KT 的作用是什么？

9. X62W 型万能铣床的工作台有几个方向的进给？各方向的进给控制是如何实现的？采用了哪些保护的？

10. T68 型卧式镗床电气控制线路中，为防止主轴箱和工作台的同时进给而出现的事故，采取了什么措施？

模块四　电气控制线路设计

项目 25　电气控制线路设计概述

【本项目目标】

① 了解电气控制线路设计的主要内容。
② 掌握电气控制线路设计的基本要求和方法。
③ 熟悉电气控制线路设计的步骤。
④ 掌握电气控制线路图的绘制原则和方法。

25.1　电气控制线路设计的主要内容

通过前面 3 个模块的学习，已经介绍了各类低压电器的结构、作用和使用方法；基本控制电路的工作原理、线路安装和电路检查方法；典型机床电路故障分析与处理的方法。具备了对一般电气控制电路安装、线路检查、故障分析与处理的能力。但是要达到中级或高级维修电工的要求，还必须了解电气控制线路设计的内容、基本要求、线路设计的一般方法以及电气控制线路图的绘制原则，能够设计出符合实际需要的电气控制原理图、电器元件布置图及电气安装接线图。

电气控制线路的设计包括原理设计和工艺设计两部分。原理设计是满足生产过程中机械加工工艺的各种控制要求，综合考虑控制系统的自动化程度、系统运行的可靠性以及设备的性能；工艺设计是满足电气控制系统装置的安装、使用以及维修的需要，提供电气控制线路设备的总装配图、安装接线图以及元器件布置图等。前者决定一套装置的使用效能和自动化程度；后者则决定了电气控制装置的安全性、可靠性、经济性、美观性以及维护方便等。

25.1.1　原理设计的主要内容

（1）拟定电气控制系统设计任务书，它是电气设计的依据。

（2）确定电力拖动方案和控制方案，拖动方法主要有电力拖动、液压传动、气动等。根据机械设备驱动力矩或功率的要求，合理选择电动机的类型、参数。

（3）选择电动机的类型、电压等级、容量及转速，并选择出具体型号。

（4）设计电气控制原理框图，原理框图包括主电路、控制电路和辅助电路。对原理图各连接点进行编号，电气原理图是整个设计的中心环节，是工艺设计和制定其他技术资料的依据。

（5）设计并绘制电气控制原理图，选择相关主要技术参数。

（6）选择电气元器件，制定元器件明细表，根据电气原理合理选择元器件，并列出元器件清单。

（7）编写设计说明书和维修说明书。

25.1.2　工艺设计的主要内容

工艺设计的主要目的是便于组织电气控制系统装置的安装，实现原理设计要求的各项技术指标，为设备的调试、维护、使用提供总装配图、安装接线图以及元器件布置图等。

（1）根据电气原理图及选定的电器元件，绘制总装配图。要考虑各部件间的电气连接问题，总体布置设计是否合理，将直接影响电气控制装置的制造、装配、调试、操作、维护及工作运行。

（2）设计并绘制电器元件布置图。

（3）设计并绘制电器元件的接线图。并根据总图编号标出各组件相应的进出线号。

（4）设计并绘制电气箱及非标准零件图。根据组件的尺寸及安装要求，确定电气箱结构与外形尺寸，设计安装支架，标明安装尺寸、安装方式、各组件的连接方式、通风散热及开门方式，做到操作维护方便、布局合理、美观等。

（5）列出所用各类元器件及材料清单。这部分是采购、配料和成本核算所必须具备的技术资料。

（6）编写工艺设计说明书和使用维护说明书。

25.1.3　设计中必须考虑的因素

由于电气控制设备或元器件都要安装在一定的环境中，环境条件必然会影响设备工作性能和使用寿命。因此，在电气控制线路的设计中必须予以考虑，适当调整设计参数，有利于减少设备故障率，延长电器使用寿命。影响电气设备可靠工作的环境因素主要指气候、机械振动和电磁场。

（1）气候环境　气候环境与地理条件密切相关，影响电气设备的气候环境主要包括温度、湿度、气压、风沙等。

① 温度　一般情况下，环境最高温度不超过$+40℃$，最低温度不低于$-5℃$。环境温度过高，导致电气设备散热差，负载能力下降，寿命缩短；高温加剧氧化反应，造成设备绝缘加速老化等。因此，设计时必须对高温环境所使用的功率器件、发热元件采取强制的冷却措施。但是，过低的环境温度会使空气的相对湿度增大，材料收缩变脆。

② 湿度　湿度过高会在物体表面附着一层水膜，大大降低产品的绝缘电阻，导致产品的电气绝缘性能降低。而湿度过低容易产生静电荷积蓄，静电对电子元器件会产生很大的影响。用于湿热气候区域的电气设备在设计时应考虑元器件的密封和保护层的选用。

③ 气压　气压对电气设备的影响主要是指低气压。海拔较高的区域气压低，空气稀薄，使空气绝缘强度下降，灭弧困难。因此，用于低气压区域的电气设备在设计时应使绝缘间距加宽。

④ 风沙、灰尘　电器元件的触点积有砂尘会使触点的接触电阻增大，元器件表面的沙尘会磨损防护层，导电的尘埃易造成绝缘漏电和短路故障。设计中应注意控制箱、柜的密封、冷却与防护的协调关系。同时，设计时，还应考虑散热和防护措施。

（2）机械环境　机械环境主要是指机械振动环境，不同环境的振源频带相差较大，设计时应综合考虑以下几方面的因素：

① 提高元器件、组件和装置的抗振能力；

② 在振源与敏感元件、部件之间采取抗振措施。

（3）电磁场　电磁干扰对电气设备工作可靠性影响很大，严重的会使系统不能正常工作。而对电磁干扰影响所采取的具体措施如下：

① 抑制噪声源；

② 阻断对敏感元器件的干扰能力；

③ 精选元器件、滤波、屏蔽、接地、隔离等；

④ 正确布局线路。

25.2　电气控制线路设计的一般方法和步骤

25.2.1　电气控制电路设计的方法

电气控制电路的设计方法主要有分析设计法和逻辑设计法。设计的一般设计顺序是：首先设计主电路，然后设计控制电路。

分析设计法是根据生产工艺的要求去选择适当的控制环节，将使用过的成熟电路集聚起来，按各部分的联锁条件组合起来并加以补充和修改，综合成所需要的控制线路。有时在找不到现成电路的情况下，可根据控制要求边分析边设计修改。这种设计方法的主要缺点如下。

（1）在发现试画出来的电路达不到要求时，往往通过增加电器元件或触点数量的方法加以解决，所以设计出来的电路往往不一定是最佳电路。

（2）设计中由于经验不足或考虑不周时往往会发生差错，影响电路的可靠性或工作稳定性。

尽管如此，对于一些比较简单的控制线路仍然采用分析设计法。但对于一些比较复杂的控制线路则多用逻辑代数设计法。

逻辑代数设计法是用真值表与逻辑代数式相结合，对控制线路进行综合分析或者对已设计出的草图进行校核的设计方法。这种方法适合工作过程比较复杂的控制系统。随着控制技术的发展，复杂控制系统的设计广泛采用可编程序控制器（PLC）来完成。对于这部分内容，在以后的学习中将会了解，这里不再作详细介绍。

25.2.2　电气控制电路设计的一般步骤

（1）拟定设计任务书　电气设计任务书是整个控制系统设计的依据。在制定电气设计任务书时，要根据所设计的机械设备的总体技术要求，将电气、机械工艺、机械结构三方面的设计人员组织在一起共同讨论。在电气设计任务书中，要说明所设计的机械设备的型号用途、技术性能、传动要求、工作条件、使用环境等。除此以外，还应说明以下技术指标及要求。

① 用户所使用的电源种类、电压等级、频率及容量要求等。

② 电动机的数量、用途、负载特性、调速范围以及对反向、启动和制动的要求等。

③ 电气保护、联锁条件、动作程序、稳定性及抗干扰要求等。

④ 主要电气设备的布置草图、安装、照明、信号指示、显示和报警方式。

⑤ 控制精度、生产效率、目标成本、经费限额、验收标准及方式等的要求。

（2）确定电力拖动方案与控制方式　电力拖动方案与控制方式的确定是设计的重要环节。电力拖动方案包括生产工艺要求、运动要求、调速要求及生产机械的结构、负载性质、投资额等条件，确定电动机的类型、数量、拖动方式，制定电动机的启动、运行、调速、转向和制动等要求。只有在总体方案正确的前提下，才能实现生产设备各项技术指标达标。即使个别控制环节或工艺设计不当，也可以通过不断改进，反复试验来达到要求。但如果总体方案出现错误，则整个设计必须重新开始。因此，在开始设计之前，必须认真做好调查研究工作，借鉴已经获得成功的经过生产实践检验的设备或生产工艺，列出几种可选的方案，根据条件和工艺要求进行选择。在确定控制方式时尽可能满足以下要求。

① 在满足机械设备和工艺要求的基础上，保证电气控制系统稳定、可靠地工作。生产过程中，对机械设备电气控制系统的可靠性与稳定性提出很高的要求。在强弱电结合的控制系统中，应充分考虑各种干扰的影响，线路设计中，要防止误动作的可能。

② 具备各种必要的保护装置和连锁环节，确保操作人员和设备的安全。

机械设备在运行中，由于电网故障、电器元件损坏、控制失灵或者误操作等因素，都可能造成人身事故和设备的损坏。在控制方式选择和线路设计中必须充分预防这些因素造成的故障，具备自动诊断、处理和保护功能。要树立安全第一的思想。

③ 充分考虑机械设备的调试与维修要求。一个比较复杂，自动化程度较高的控制系统，含有很多相互关联的运动部件和较多的信号检测与主令电器，既需单独检查调整各个部分动作，又需要检查一个工作周期中各个动作的配合情况。因此，某些控制系统需要考虑手动、自动循环操作、点动与连动控制、单步运行与单周期运行以及必要的信号显示。既便于调试，又利于操作和维护。

随着计算机控制技术的发展，硬件和软件不断更新，质量提高，成本降低，解决了以往存在的可靠性、维修困难和利用率低方面的问题，使计算机控制技术的应用越来越普遍，大大丰富和开拓了电气控制的前景。

（3）其他要求

① 根据选择的拖动方案，确定电动机的类型、数量、结构形式、容量、额定电压和额定转速等。

② 设计电气控制原理电路图并合理选择元器件，编制元器件目录清单。

③ 设计电气设备安装、调试所必需的各种施工图样，并以此为根据编制各种材料定额清单。

④ 编写说明书。

25.3　电气控制线路设计的基本要求

25.3.1　最大限度满足生产机械和工艺对电气控制电路的要求

电气控制电路是为整个生产机械和工艺过程服务的，在设计前，首先对生产设备的主要工作性能、结构特点、工作方式和保护装置等方面要做全面细致的了解。

25.3.2　确保控制电路安全可靠工作

（1）选择控制电源　选择控制电源时，一般尽量减少控制电路中电源的种类，控制电压等级应符合标准等级。在控制电路比较简单的情况下，通常采用交流 220V 和 380V 供电，可以省去控制变压器。在控制系统电路比较复杂的情况下，应采用控制变压器降低控制电压，或用直流低电压控制。对于微机控制系统，还要注意弱电与强电电源之间的隔离，一般情况下，不要共用零线，避免电磁干扰。对照明、显示及报警电路，要采用安全电压。

交流标准控制电压等级有：380V、220V、127V、110V、48V、36V、24V、6.3V。

直流标准控制电压等级有：220V、110V、48V、24V、12V。

（2）电器元件的选择　为了保证电气控制电路工作的可靠性，最主要的是选择可靠的电器元件。在元器件选择的时候，尽可能选用机械和电气寿命长、动作可靠、抗干扰性能好的电器。使控制电路在技术指标、稳定性、可靠性等方面得到进一步提高。

（3）**正确连接电器的线圈**　在交流控制电路中，电器的线圈不允许串联连接。如果将两个接触器的线圈进行串联，由于它们的阻抗各不相同，即使外加电压是两个线圈额定电压之和，两个电器元件的动作总是有先有后，不可能同时动作。这就使得两个线圈分配的电压就不可能相等；当衔铁未吸合时，其气隙较大，电感很小，因而吸合电流很大。当有一个接触器先动作、其阻抗值增加很多，电路中电流下降很快就使另一个线圈不能吸合，严重时可将线圈烧毁。如果需要两个电器同时动作，线圈应并联连接，按图25-1（b）所示连接。

对于直流电磁线圈，当两电感量相差悬殊时，也不能直接并联，以免使控制电路产生误动作。如图25-2（a）所示，直流电磁铁YA线圈与直流电流继电器KA线圈并联，当接触器KM1常开触点断开时，继电器KA很快释放。由于YA线圈的电感很大，存储的磁能经KA线圈释放，从而使继电器KA有可能重新吸合，过一段时间KA又释放，这显然是不允许的。应在KA的线圈电路中单独增加KM的常开触点，如图25-2（b）所示。

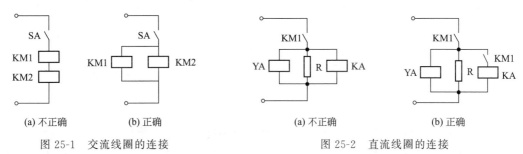

图 25-1　交流线圈的连接　　　　　　图 25-2　直流线圈的连接

（4）**合理选择电器元件的触点位置**　如图25-3（a）所示，行程开关SQ的常开触点和常闭触点，分别接在不同支路上，当触点断开时，会产生电弧，可能在两触点间形成电弧，造成电源短路。如果改成图25-3（b）的形式，由于两触点间的电位相同，就不会造成电源短路。所以在设计控制电路时，应将同一电器的触点尽可能接到同一电位点，这样可避免在电器触点上引起的短路。

如图25-4所示，为某一单向控制线路，从控制原理来看，图（a）和图（b）都能实现单向控制。但从现场实际接线来讲，图（a）不合理，图（b）合理。这是因为在企业现场中按钮通常安装在操作台上，接触器安装在电气控制柜内，两者不在同一位置上，按图（a）的接法从电气柜到操作台需引4根导线。而（b）图是将启动按钮和停止按钮直接相连，使两个按钮之间的连接导线最短，从电气柜到操作台只需引出3根导线。由此可见，在实际接线中，应尽量减少连接导线的数量和缩短连接导线的长度。

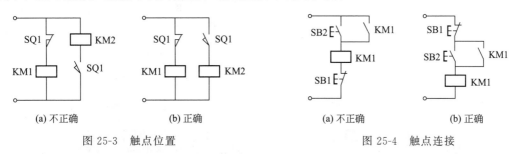

图 25-3　触点位置　　　　　　　　图 25-4　触点连接

（5）**避免出现寄生电路**　在电气控制电路的工作过程中，由于电路设计存在缺陷，出现意外接通的电路，导致设备误动作，把这种电路称为寄生电路。如图25-5（a）所示，是一个具有指示灯显示和过载保护的电动机正反转控制电路。正常工作情况下能完成正、反向启动、停止和信号指示。但当热继电器 FR 动作时，产生寄生电路，电流流向如图 25-5(a) 中虚线箭头所示，使正向接触器 KM1 不能释放，起不了保护作用。如改为图 25-5(b) 所示电路时，消除了寄生电路，当电动机发生过载时，FR 触点断开，整个控制电路断电，电动机停转。

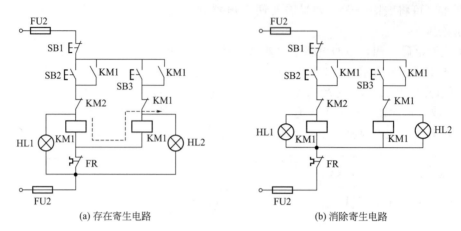

图 25-5 寄生电路的产生与消除

25.3.3 在满足生产工艺的前提下，力求控制电路经济、简单

（1）尽量选用标准电器元件，尽量减少电器元件的品种、数量。对于同一用途的器件尽量选用相同型号的电器元件，以减少电器的种类和数量。

（2）尽量选用常用的或经过实践考验的典型环节或基本电气控制电路。

（3）尽量减少不必要的触点，简化电气控制电路。

（4）尽量缩减连接导线的数量和长度。

（5）尽量减少通电电器的数量。在正常工作的过程中，除必要的电器元件外，其余电器尽量减少通电时间。以 Y-△降压启动控制电路为例，如图 25-6 所示，两个电路均可实现Y-△减压启动控制，但经过比较，图 (b) 在三角形接法工作时，只有接触器 KM1 和 KM2的线圈得电，时间继电器 KT 被切除，这样节约了电能，延长了时间继电器 KT 的寿命，较图 (a) 要更合理。

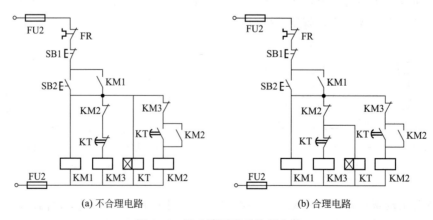

图 25-6 Y-△降压启动控制电路

25.3.4　设置必要的保护环节

（1）短路保护　短路时产生的瞬时故障电流可达到额定电流的几倍到几十倍。常用的短路保护有熔断器、自动空气开关、专门的短路保护继电器。

（2）过电流保护　过电流保护常用于直流电动机和绕线转子异步电动机的限流启动中，通常采用过电流继电器和接触器配合动作的方法，实现电动机的过电流保护。

（3）过载保护　电动机如果长期超载运行，绕组的温升将超过允许值，会损坏电动机，所以要设置过载保护环节。一般采用具有反时限特性的热继电器作保护环节。

（4）欠电流保护　欠电流保护是指被控制电路的电流低于整定值时，需要保护装置动作的一种保护。通常利用欠电流继电器来实现。欠电流继电器线圈串接在被保护电路中，正常工作时吸合，一旦发生欠电流故障就会自动切断电源。

（5）断相保护　电源缺相、接触不良或者电动机内部断线都会引起电动机缺相运行。可采用专门为断相运行而设计的断相保护热继电器。

（6）失电压保护　采用接触器及按钮控制的电路一般都具有失电压保护功能。如果采用手动开关、行程开关等来控制接触器，则必须采用专门的零电压继电器。

（7）欠电压保护　当电源电压降低到额定电压的 $60\%\sim80\%$ 时，继电器自动将电动机电源切除，这种保护称为欠电压保护。通常采用零位继电器做欠电压保护。

（8）过电压保护　通常是在线圈两端并联一个电阻、电阻串电容或二极管串电阻等形式，以形成一个放电回路。

（9）极限保护　做直线运动的生产机械常设有极限保护环节，一般用行程开关的常闭触点来实现。

（10）弱磁保护　直流并励电动机、复励电动机在励磁磁场减弱或消失时，有必要在控制电路中采用弱磁保护环节，一般用弱磁继电器。

（11）其他保护　根据实际情况来设置如温度、水位、欠压等保护环节。

25.4　电气控制线路图的绘制原则

电气控制线路图主要有电气原理图、电器布置图、电器安装接线图三种。在绘制电气控制线路图时，必须采用国家统一规定的图形符号、文字符号和绘图方法。

25.4.1　线路图中的符号与标记原则

电气控制线路图中的符号包括电器元件的图形符号和文字符号，绘制时必须符合国家标准的规定。随着经济的发展，我国从国外引进了大量的先进设备，为了掌握引进的先进技术和设备，加强国际交流和满足国际市场的需要，国家标准局参照国际电工委员会（IEC）颁布的相关文件，颁布了一系列新的国家标准，主要有：GB/T 4728—2005/2008 电气简图使用的图形符号；GB/T 6988.1—2006/2008 电气技术中文字符号的编制；GB/T 5094.1—2002/2003/2005 工业系统、装置与设备以及工业产品结构原则与参照代号。

图形符号是以简图形式表示一种电器元件或设备。文字符号是用单字母或双字母表示各种电气设备和电器元件，以标明其在电路中的功能、状态和主要特征。如"C"表示电容；"R"表示电阻；"F"表示保护器件类、"FU"表示熔断器；"FR"表示热继电器等。

三相交流电源引入线采用 L1、L2、L3 标号，电源开关之后的三相交流电源主电路分别按 U1、V1、W1 顺序标记，如 U1 表示电动机的 U 相的第一个接点代号，U2 为 U 相的第二个接点代号，依此类推。电动机绕组首端分别用 U、V、W 标记，尾端分别用 U′、V′、W′标记。

对控制电路，通常是由三位或三位以下的数字组成。标注方法按"等电位"原则进行，在垂直绘制的电路中，标号顺序一般由上而下编号。在水平绘制的电路中，交流控制电路的标号主要是以压降元件（如电器元件线圈）为分界，左侧用奇数标号，右侧用偶数标号。直流控制电路中正极按奇数标号，负极按偶数标号。如图 25-7 所示。

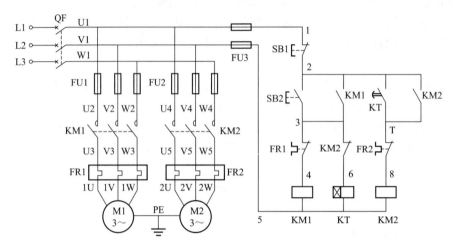

图 25-7　等电位原则实现的顺序控制原理图

25.4.2　电气原理图的绘制原则

（1）原理图一般分主电路和控制电路两部分绘制。主电路就是从电源到电动机绕组的大电流通过的路径，用粗实线表示，绘在图面的左边或上部；控制电路是由继电器的线圈和触点、接触器的线圈和触点、按钮、照明灯、控制变压器等组成，用细实线表示，绘在图面的右边或下部。

（2）绘制原理图时，各电气元件不绘实际的外形图，而采用国家标准规定的图形符号和文字符号绘制。属于同一电器的线圈和触点，都要用同一文字符号表示，当使用多个相同类型电器时，可在文字符号后加注阿拉伯数字序号来区分。

（3）绘制原理图时，各电器的导电部件如线圈和触点的绘制位置，应根据便于阅读和分析的原则来安排。同一电器的各个部件可以不绘在一起。

（4）绘制原理图时，所有电器的触点，都按没有通电或没有外力作用时的开闭状态绘制。如继电器、接触器的触点，按线圈未通电时的状态绘制；按钮、行程开关的触点按不受外力作用时的状态绘制；控制器按手柄处于零位的状态绘制。

（5）绘制原理图时，有直接电联接的导线交叉接点，要用黑圆点表示。无直接电联接的交叉导线，交叉处不带黑圆点。

（6）绘制原理图时，无论是主电路还是控制电路，各电气元件一般应按动作顺序从上到下，从左到右依次排列，可水平布置或垂直布置。

（7）图面分区时，竖边从上到下用拉丁字母，横边从左到右用阿拉伯数字分别编号。并用文字注明各分区中元件或电路的功能。如图 25-8 所示。

25.4.3　电器布置图的绘制原则

电器布置图表示各种电气设备或电器元件在机械设备或控制柜中的实际安装位置，图中

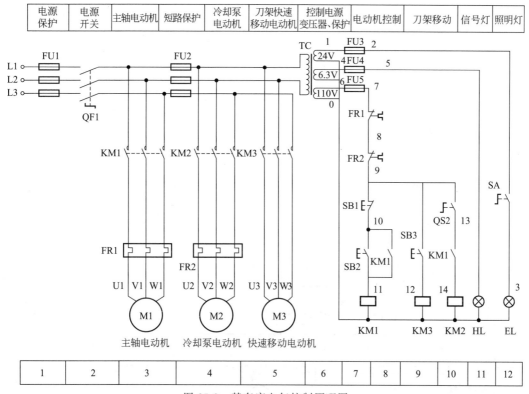

图 25-8　某车床电气控制原理图

各电器的符号、代号应与原理图、安装接线图以及电器材料清单上所有电器元件相同。图中不需要标出每一电器的尺寸，如果采用线槽布线，还要画出线槽的位置。如图 25-9 所示为顺序控制电路电器布置图。

25.4.4　电气安装接线图的绘制原则

（1）绘制安装接线图时，各电气元件均按其在安装底板中的实际安装位置绘出。元件所占图面按实际尺寸以统一比例绘制。

（2）绘制安装接线图时，一个元件的所有部件绘在一起，并且用点划线框起来，即采用集中表示法。有时将多个电气元件用点划线框起来，表示它们是安装在同一安装底板上的。如图 25-10 所示。

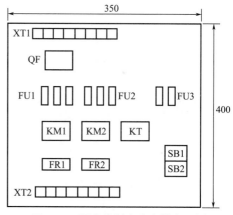

图 25-9　顺序控制电路电器布置图

（3）绘制安装接线图时，各电气元件的图形符号和文字符号必须与原理图一致，并符合国家标准。

（4）绘制安装接线图时，各电气元件上凡是需要接线的部件端子都应绘出，并予以编号，各接线端子的编号必须与原理图的导线编号相一致。

（5）绘制安装接线图时，安装底板内外的电气元件之间的连线通过接线端子板进行连接。安装底板上有几个接至外电路的引线，端子板上就应绘出几个线的接点。

（6）绘制安装接线图时，走向相同的相邻导线可以绘成一股线。

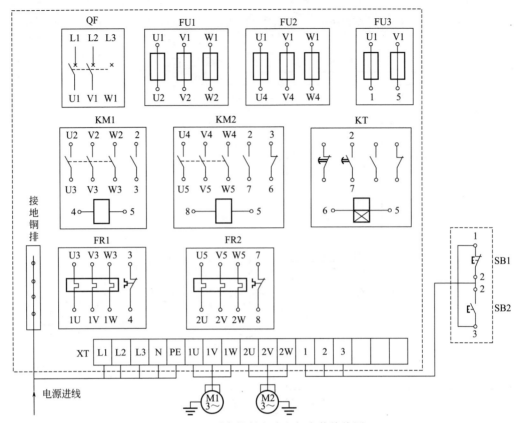

图 25-10　顺序控制电路电气安装接线图

项目 26   电气控制线路设计实例

【本项目目标】

① 按照设计任务要求，完成电气控制线路原理图的设计。
② 掌握电器元件及导线的选择方法。
③ 提出电器元件材料清单。
④ 绘制电器元件布置图和安装接线图。

26.1   设计任务

有一送料控制系统，采用皮带输送，由四台电动机拖动，分别为 M1、M2、M3、M4。其传输过程如图 26-1 所示。

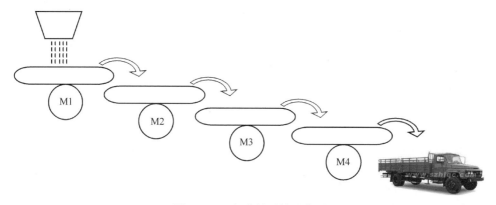

图 26-1   四级传输系统示意图

控制系统设计要求如下。

（1）启动时，4 台电动机依次相隔 10s 顺序启动，即 M1→M2→M3→M4，同时要求每台电动机工作时，有信号灯指示。

（2）停止时，4 台电动机依次相隔 5s 倒序停止，即 M4→M3→M2→M1，同时要求每台电动机停止时，有信号灯指示。

（3）系统在运行过程中，若任意一台电动机发生过载时，传输系统立即停止。

（4）在系统发生紧急状态时，要有应急停车控制。

（5）拖动电动机采用 4 极 4kW 的三相异步鼠笼式电动机。

26.2   电气控制线路原理图设计

26.2.1   主电路设计

从控制系统设计要求中看出，每台电动机只有一种运动方向，所以主电路采用单向旋转电路。每一台电动机设置短路保护、欠压和失压保护、过载保护、接地保护等。这些保护分别由熔断器、接触器、热继电器、接地端子等完成。如图 26-2 所示。

26.2.2　控制电源的设计

考虑到控制电路的安全性和指示灯的要求，采用控制变压器 TC 供电，其一次侧为交流 380V，二次侧为交流 127V、36V 和 6.3V。其中 127V 提供给接触器、时间继电器和中间继电器的线圈电路，用于控制电动机 M1、M2、M3、M4 运行；36V 交流安全电压提供给局部照明电路；6.3V 提供给指示灯电路。如图 26-2 所示。

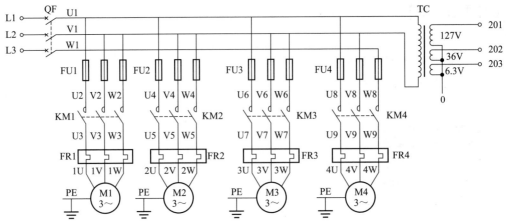

图 26-2　四级传输系统的主电路

26.2.3　控制电路的设计

根据控制系统设计要求，分步骤完成控制电路的设计。

（1）完成顺序启动的控制要求，即四台电动机依次相隔 10s 顺序启动，启动过程为 M1→M2→M3→M4。通过四个接触器和三个通电延时时间继电器完成顺序启动的控制要求，即由接触器 KM1 控制电动机 M1；接触器 KM2 控制电动机 M2；接触器 KM3 控制电动机 M3；接触器 KM4 控制电动机 M4。采用时间继电器 KT1 控制电动机 M2 的启动时间；用时间继电器 KT2 控制电动机 M3 的启动时间；用时间继电器 KT3 控制电动机 M4 的启动时间。在四台电动机依次相隔 10s 顺序启动后，分别切除时间继电器 KT1、KT2、KT3，节约电能，如图 26-3 所示。

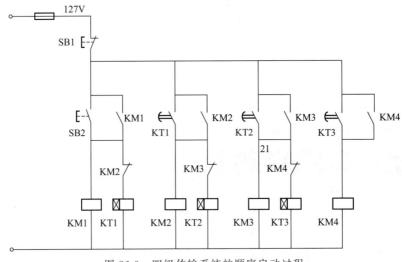

图 26-3　四级传输系统的顺序启动过程

（2）完成逆序停车的控制要求，即四台电动机依次相隔 5 s 倒序停止，停止过程为 M4→M3→M2→M1。通过按钮 SB2、中间继电器 KA 和三个通电延时时间继电器完成逆序停车的控制要求，即通过中间继电器 KA 控制电动机 M4 的停止，并控制时间继电器 KT4、KT5、KT6 通电；由时间继电器 KT4 控制电动机 M3 的停车时间；时间继电器 KT5 控制电动机 M2 的停车时间；时间继电器 KT6 控制电动机 M1 的停车时间，如图 26-4 所示。

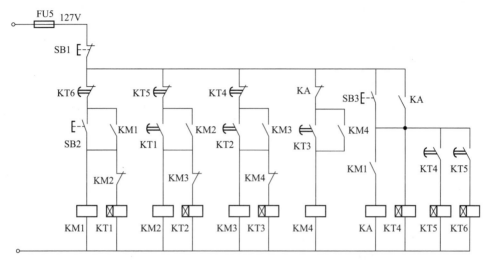

图 26-4　四级传输系统的顺序启动、逆序停车过程

（3）完成照明电路、信号灯指示、系统过载保护和应急停车控制，即通过照明灯 EL 完成线路照明，指示灯 HL1、HL2、HL3、HL4 分别表示电动机 M1、M2、M3、M4 工作状态。将四个热继电器 FR1、FR2、FR3、FR4 的触头串联在一起，接在干线电路中完成系统过载保护，增加应急停车按钮，这样整个控制系统设计基本完成，如图 26-5 所示。

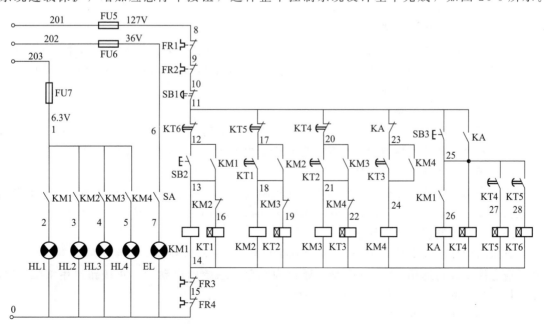

图 26-5　四级传输系统的控制电路

（4）审核原理图。设计完成以后，必须认真进行审核原理图，看其是否满足控制要求，电路是否合理，是否需要进一步简化，是否存在寄生电路，电路工作是否安全可靠。

26.3　电器元件及导线的选择

26.3.1　电源开关的选择

电源开关 QF 的选择主要考虑电动机 M1～M4 的额定电流和启动电流，而控制变压器 TC 一次侧产生的电流相对较小，可以不考虑。已知 M1～M4 为 4 极 4kW 的三相异步鼠笼式电动机，其额定电流分别为 8.56A，易算得额定电流之和为 34.24A，考虑到电动机启动电流大小，电源开关的额定电流确定为 51.36A 左右，故电源开关选择低压自动空气开关，具体型号为 DZ47-60/3 型，额定电流 60A。

26.3.2　熔断器的选择

由于四台电动机功率相同，因此每台电动机主电路中的熔断器选择相同的规格，可按电动机额定电流的 1.5～2.5 倍选择，即 8.56×2＝17.12A，熔断器的额定电流可取 20A，具体型号为：RT14-20/20 型，额定电压 380V。

控制电路的熔断器根据回路电压的不同，进行相应的选择。对于 127V 接触器、继电器回路，熔断器的额定电流可选用 10A，具体型号为：RT14-10/5 型，额定电压 220V。对于照明电路、指示灯回路，熔断器选用的型号为 RT14-10/1 型，额定电压 220V。

26.3.3　接触器的选择

接触器的选择主要依据电源种类（交流与直流）、负载回路的电压、主触点额定电流、辅助触点的种类、数量和触点的额定电流、额定操作频率等。

在该控制线路中，由于四台电动机功率相同，因此控制每台电动机接触器选择相同的规格，考虑到电动机启动电流大小，可按电动机额定电流的 1.5～2 倍选择，即 8.56×2＝17.12A，接触器的额定电流可取 20A，具体型号为 CJ10-20 型，额定电压 380V，主触点额定电流 20A，线圈电压 127V。

26.3.4　热继电器的选择

热继电器的选择应根据电动机的工作环境、启动情况、负载性质等因素综合考虑，在该控制线路中，根据电动机的额定电流的 0.95～1.15 倍选择热继电器。FR1～FR4 选用 JR16-20 型热继电器。额定电流调整在 8.6A。

26.3.5　时间继电器的选择

根据控制电路要求，时间继电器选用数字式通电延时型，启动和停止过程各需要 3 个，总数量为 6 个，具体型号为 JS14C 型，触点额定电流为 5A，线圈电压为 127V。

26.3.6　中间继电器的选择

由于中间继电器的体积较接触器小，在控制电路中经常选用。在本电路中采用一个中间继电器，型号可选择 JZ8 型，触点额定电流为 5A，线圈电压为 127V。

26.3.7　控制按钮的选择

该电路中使用 3 个控制按钮，一个为应急停车按钮，另外两个为系统的启动和停止按钮。应急停车按钮选用 LA19-11J 型，颜色为红色。系统的启动和停止按钮选用 LA18-3H 型。按要求启动按钮为绿色，停止按钮为红色。

26.3.8　指示灯的选择

指示灯 HL1～HL4，全都选用 ZSD-0 型，额定电压为 6.3V，额定电流 0.25A，颜色都选用红色。

26.3.9 照明灯与其控制开关的选择

照明灯 EL 和灯开关 SA 成套购置，照明灯选用 JC2 型，交流电压 36V、功率为 40W。

26.3.10 控制变压器的选择

控制变压器能够实现高、低压电路隔离，使控制电路中的电器元件的工作电压降低，提高了安全性。常用控制变压器一次侧交流电压有 380 V 和 220 V 两种，二次侧交流电压一般有 127V、36V、24V、12V 和 6.3V。该电路中控制变压器 TC 可选用 BK100VA，380V、127V、36V、6.3V。

26.3.11 电缆与导线的选择

控制系统总的输电电缆的选择主要考虑电动机 M1～M4 的额定电流和启动电流，已知 M1～M4 为 4kW 的三相异步鼠笼式电动机，其额定电流分别为 8.56A，易算得额定电流之和为 34.24A，考虑到电动机启动电流大小，输电电缆的额定电流确定为 51.36A 左右，故输电电缆选择型号为 YHZ 的 4 芯橡套电缆，即 $3\times10+1\times2.5$ 的橡套电缆。

主电路的安装配线选用 $BV4mm^2$ 的导线，控制电路安装配线选用 $BV1.5mm^2$ 的导线。基于以上选择，列出材料清单。如表 26-1 所示。

表 26-1 四级传输系统所需材料清单

序号	名称	符号	型号	规格	数量
1	三相异步鼠笼式电动机	M1-4	Y-112M-4	4kW,380V,8.56A,1460r/min	4
2	低压自动空气开关	QF	DZ47-60/3	三极,380V,60A	1
3	熔断器	FU1-4	RT14-20/20	380V,熔体电流20A	12
4	熔断器	FU5	RT14-10/5	220V,熔体电流10A	1
5	熔断器	FU6-7	RT14-10/1	220V,熔体电流10A	2
6	接触器	KM1-4	CJ10-20	20A,线圈电压127V	4
7	热继电器	FR1-4	JR16-20	额定电流20A,整定电流8.6A	4
8	时间继电器	KT1-6	JS14C(1-99s)	触点电流5A,线圈电压127V	6
9	中间继电器	KA	JZ8	触点电流5A,线圈电压127V	1
10	控制按钮	SB2-3	LA18-3H	触点电流5A,220V	1
11	应急按钮	SB1	LA19-11J	触点电流5A,220V	1
12	指示灯	HL1-4	ZSD-0	6.3V,红色0.25A	4
13	照明灯与开关	EL,SA	JC2	40W,36V	各1
14	控制变压器	TC	BK100VA	380V/127V,36V,6.3V	1
15	电缆		YHZ	$3\times10+1\times2.5$	
16	导线		BV	$4mm^2$、$1.5mm^2$	

26.4 绘制电气安装接线图

根据原理图的标号顺序，完成系统安装接线图的绘制。要求接线图中的设备符号、接点标号正确无误。图 26-6 为四级传输系统的安装接线图。

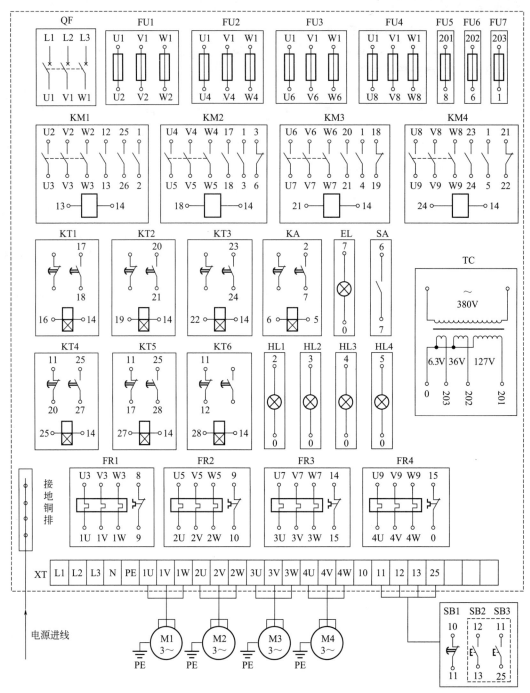

图 26-6 四级传输系统的安装接线图

思考与练习题

一、判断题（将答案写在题后的括号内，正确的打"√"，错误的打"×"）

1.电气控制线路的设计是指控制原理图、电器元件布置图及安装接线图的设计。（　　）

2.原理设计决定了电气控制装置的安全性、可靠性、美观性以及维护方便等。（　　）

3.工艺设计决定一套装置的使用效能和自动化程度。（　　）

4.电气原理图是整个电气控制线路的设计的中心环节。（　　）

5.影响电气设备可靠工作的环境因素主要指气候、机械振动和电磁场。（　　）

6.环境温度过高，会导致电气设备散热差，负载能力下降，设备使用寿命缩短。（　　）

7.电气控制电路的设计方法主要有分析设计法和逻辑设计法。（　　）

8.在交流控制电路中，外加电压是两个线圈额定电压之和，如果两个线圈串联连接，可能同时动作。（　　）

9.对于直流电磁线圈，如果两电感量相差较大时，两线圈也能直接并联。（　　）

10.绘制原理图时，无论是主电路还是控制电路，各电气元件一般应按动作顺序从上到下，从左到右依次排列，可水平布置或垂直布置。（　　）

二、选择题（只有一个正确答案，将正确答案填在括号内）

1.电气控制线路的设计包括原理设计和（　　）设计两部分。

A.布置图　　　　　B.安装图　　　　　C.工艺　　　　　D.结构

2.影响电气设备可靠工作的环境因素主要指气候、机械振动和（　　）。

A.灰尘　　　　　B.温度　　　　　C.频率　　　　　D.电磁场

3.在控制电路比较简单的情况下，控制电源通常采用交流（　　）和（　　）供电。

A.380V 和 220V　　B.380V 和 127V　　C.220V 和 127V　　D.220V 和 110V

4.在电气控制电路的工作过程中，由于电路设计存在缺陷，出现意外接通的电路，导致设备误动作，把这种电路称为（　　）。

A.操作电路　　　　B.寄生电路　　　　C.放电回路　　　　D.自耦电路

5.在交流电路中，两个参数完全相同的交流接触器，其线圈采用（　　）。

A.并联连接　　　　B.串联连接　　　　C.可串联也可并联连接

6.两个参数完全相同的交流接触器，其线圈采用串联连接，在通电时（　　）。

A.都不能吸合　　　B.有一个吸合，另一个可能烧毁　　　C.都能正常工作

三、简答题

1.电气控制线路设计的主要内容包括哪些？

2.消除电磁干扰的具体措施有哪些？

3.简述电气控制电路设计的一般步骤。

4.电气控制线路设计的基本要求有哪些？

5.在电气控制线路中，常用的保护环节有哪些？分别由哪些器件来实现？

四、电路设计

1.设计一个电路，要求当第一台电动机启动 10s 后，第二台电动机自启动，第二台电动机停止工作 5s 后，第一台电动机停止。电路具有短路保护、过载保护、欠压和失压保护。

2.已知三相交流异步电动机的参数为 $P_N=22kW$，$U_N=380V$，$I_N=43.9A$，$n_N=1460r/m$，设计一台 Y-△启动控制电路、选择元器件参数、列写元器件清单、绘制电气安装图、电气接线图，写出简要说明。

3.如图 26-7 所示，要求按下启动按钮后能依次完成下列动作：

（1）运动部件 A 从 1 到 2；

（2）接着 B 从 3 到 4；

（3）接着 A 从 2 回到 1；

（4）接着 B 从 4 回到 3。

4.有两台笼型异步电动机，主轴电动机由接触器 KM1 控制，油泵电动机由接触器 KM2 控制，要求保

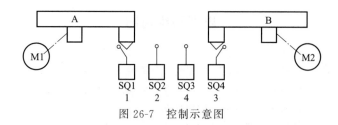

图 26-7　控制示意图

证主轴电动机在油泵电动机启动后才能启动，当油泵电动机停车时主轴电动机也同时停车。当需要主轴电动机单独停车时，可单独按停止，按上述要求设计控制电路。

5. 有一台双速电动机，试按下述要求设计控制电路：

（1）分别用两个按钮操作电动机的高速启动和低速启动，用一个总的停止按钮控制电动机的停止；

（2）高速启动时，先接成低速后经延时再换接到高速；

（3）要有短路和过载保护。

6. 设计一个笼型异步电动机的能耗制动控制电路，要求如下：

（1）用按钮 SB2 和 SB1 控制电动机 M 的起停；

（2）按下停止按钮 SB1 时，应使接触器 KM1 断电释放，接触器 KM2 通电运行，进行能耗制动；

（3）制动一段时间后，应使 KM2 自动断电释放，试用通电延时型和断电延时型继电器各画出一种控制电路。

附　　录

附录1　电气控制线路中常用设备及元件的文字符号

序号	设备及元件的名称	符号	序号	设备及元件的名称	符号	序号	设备及元件的名称	符号
1	电动机	M	31	电度表	PJ	61	整流桥	VC
2	发动机	G	32	电压表	PV	62	脉冲继电器	KI
3	压力变换器	BP	33	电流表	PA	63	有功功率表	PW
4	位置变换器	BQ	34	指示灯、信号灯	HL	64	无功功率表	PR
5	测速发动机	BR	35	红色指示灯	RD	65	连接片	XB
6	温度变换器	BT	36	绿色指示灯	GN	66	试验插孔	XJ
7	速度变换器	BV	37	按钮	SB	67	插头	XP
8	抽屉柜	AT	38	电阻	R	68	插座	XS
9	印刷电路板	AP	39	电位器	RP	69	电磁铁	YA
10	激光器	A	40	电流继电器	KA	70	电磁制动器	YB
11	光电池	B	41	气体继电器	KG	71	双稳态继电器	KL
12	转速传感器	SR	42	热继电器	FR	72	接线端子板	XT
13	温度传感器	ST	43	接触器	KM	73	电磁阀	YV
14	变压器	T	44	合闸接触器	KO	74	电磁吸盘	YH
15	电流互感器	TA	45	信号继电器	KS	75	电磁离合器	YC
16	电压互感器	TV	46	时间继电器	KT	76	保护接地	PE
17	控制变压器	TC	47	电压继电器	KV	77	记录仪	PS
18	动力变压器	TM	48	电感、电抗器	L	78	固态继电器	SSR
19	交换器	U	49	中间继电器	KA	79	接近开关	SQ
20	电容器	C	50	断路器	QF	80	行程开关	SQ
21	发热器件	EH	51	电动机保护开关	QM	81	速度继电器	KV
22	空气调节器	EV	52	隔离开关	QS	82	直流电	DC
23	熔断器	FU	53	电位器	RP	83	交流电	AL
24	音响信号	HA	54	测量分流表	RS	84	照明灯	EL
25	限压保护器	FV	55	热敏电阻	RT	85	电铃	HA
26	延时和瞬动限流保护器	FS	56	压敏电阻	RV		变频器、解调器	U
27	集成电路放大器	AJ	57	转换开关	SA		保护器	F
28	晶体管放大器	AD	58	液体标高传感器	SL		电动器件	Y
29	磁放大器	AM	59	压力传感器	SP		补偿器	Z
30	电子管放大器	AV	60	位置传感器	SQ		信号发生器	P

附录2　交流接触器的技术参数

CJ20 系列交流接触器的技术参数

型号	额定电压/V	额定电流/A	AC3 使用类别下的额定控制功率/kW	约定发热电流/A	结构特征	机/电寿命/万次	操作频率/(次/h)
CJ20-10	220	10	2.2	10	辅助触点 10A 两个常开 两个常闭	1000/100	1200
	380	10	4				
	660	50.8	7.5				
CJ20-16	220	16	4.5	16			
	380	16	7.5				
	660	13	11				
CJ20-25	220	25	5.5	32			
	380	25	11				
	660	14.5	13				

附录3　低压断路器的技术参数

DZ10、DZ20 系列低压断路器的技术参数

型号	额定电压/V	额定电流/A	过电流脱扣器额定电流/A	极限分断电流分值/kA	操作频率/(次/h)
DC10-100	380	100	15、20	3.5	60
			25、30、40、50	4.7	30
			60、80、100	7.0	30
DC10-250	380	250	100、140、150、170、200、250	17.7	30
DC10-600	380	600	200、250、350、400、500、600	25.5	30
DC20-100	380	100	16、20、40、50、63、80、100	14～18	120
DC20-225	380	225	100、125、160、180、200、225	25	120
DC20-400	380	400	200、250、315、350、400	25	60
DC20-630	380	630	250、315、350、400、500、630	25	60
DC20-1250	380	1250	630、700、800、1000、1250	30	30

附录4　熔断器的技术参数

RL7 系列熔断器的技术参数

型号	额定电压/V	额定电流/A 熔断器	熔体	权限分断电流分值/kA
RL7	660	25	2、4、6、10、16、20、25	50
		63	35、50、63	
		100	80、100	

续表

型号	额定电压/V	额定电流/A		权限分断电流分值/kA
		熔断器	熔体	
RM10	220、380、500	15	6、10、15	50
		60	15、20、25、35、45、60	
		100	60、80、100	
		200	100、125、160、200	
		350	200、225、260、300、350	
		600	350、450、500、600	
RT0	380	100	30、40、50、60、80、100	50
		200	80、100、120、150、200	
		400	150、200、250、300、350、400	
		600	350、400、450、500、550、600	
		1000	700、800、900、1000	

附录5　控制按钮开关的技术参数

常用按钮开关的技术参数

型号	型式	触头数量		信号灯		额定电压(V)、额定电流(A)、控制容量	按钮	
		常开	常闭	电压/V	功率/W		数量	颜色
LA18-22	一般式	2	2			电压：交流380V 直流220V 电流:5A 容量：交流380VA 直流220W	1	红、绿、黄、白、黑
LA18-44	一般式	4	4				1	红、绿、黄、白、黑
LA18-66	一般式	6	6				1	红、绿、黄、白、黑
LA18-22J	紧急式	2	2				1	红
LA18-44J	紧急式	4	4				1	红
LA18-66J	紧急式	6	6				1	红
LA18-22X2	旋钮式	2	2				1	黑
LA18-44X	旋钮式	2	2		<1		1	黑
LA18-66X	旋钮式	4	4				1	黑
LA18-22Y	钥匙式	2	2				1	锁芯本色
LA18-44Y	钥匙式	4	4				1	锁芯本色
LA18-66Y	钥匙式	6	6	6			1	锁芯本色
LA19-11A	一般式	1	1				1	红、绿、黄、白、黑
LA19-11D	带指示灯	1	1				1	红、绿、黄、白、黑
LA20-22J	紧急式	2	2				1	红
LA20-22D	带指示灯	2	2	6	<1		1	红、绿、黄、白、黑

附录 6　热继电器的技术参数

JR16 系列热继电器的技术参数

型号	额定电流 /A	热元件规格		连接导线规格
		额定电流/A	电流调节范围/A	
JR16-20/3 JR16-20/3D	20	0.35	0.25～0.3～0.35	4mm² 单股或多股铜芯塑料导线
		0.5	0.32～0.4～0.5	
		0.72	0.45～0.6～0.72	
		1.1	0.68～0.9～1.1	
JR16-20/3 JR16-20/3D	20	1.6	1.0～1.3～1.6	4mm² 单股或多股铜芯塑料导线
		2.4	1.5～2.0～2.4	
		3.5	2.2～2.8～3.5	
		5.0	3.2～4.0～5.0	
		7.2	4.5～6.0～7.2	
		11.0	6.8～9.0～11	
		16.0	10.0～13.0～16.0	
		22.0	14.0～18.0～22.0	
JR16-60/3 JR16-60/3D	60	22.0	14.0～18.0～22.0	16mm² 多股铜芯橡皮软线
		32.0	20.0～26.0～32.0	
		45.0	28.0～36.0～45.0	
		63.0	40.02～50.0～63.0	

参 考 文 献

[1]　马应魁.电气控制技术实训指导.北京：化学工业出版社，2006.

[2]　李俊秀.电气控制与PLC应用技术.北京：化学工业出版社，2010.

[3]　李英姿.低压电器.北京：机械工业出版社，2009.

[4]　张桂金.电气控制线路故障分析与处理.西安：西安电子科技大学出版社，2009.

[5]　沙太东.电气设备检修工艺.北京：中国电力出版社，2002.

[6]　林玉歧.工厂供电技术.北京：化学工业出版社，2003.

[7]　刘祖其.电气控制与可编程序控制器应用技术.北京：机械工业出版社，2010.

[8]　郑凤翼.电工电气线路与设备故障检修600例.北京：人民邮电出版社，2001.

[9]　刘伟.维修电工.北京：化学工业出版社，2007.

[10]　金代中.图解维修电工操作技能.北京：中国标准出版社，2002.